高职高专"双高"建设活页式教材

多轴数控编程与操作

（海德汉系统）

李家峰　徐　慧　王东升　编著

东北大学出版社

·沈　阳·

ⓒ 李家峰　徐　慧　王东升　2023

图书在版编目（CIP）数据

多轴数控编程与操作：海德汉系统 / 李家峰，徐慧，王东升编著. — 沈阳：东北大学出版社，2023.9
ISBN 978-7-5517-3405-9

Ⅰ. ①多… Ⅱ. ①李… ②徐… ③王… Ⅲ. ①数控机床—程序设计 Ⅳ. ①TG659

中国国家版本馆 CIP 数据核字（2023）第 177922 号

出　版　者：东北大学出版社
　　　　　　地址：沈阳市和平区文化路三号巷 11 号
　　　　　　邮编：110819
　　　　　　电话：024-83687331（市场部）　83680267（社务部）
　　　　　　传真：024-83680180（市场部）　83680265（社务部）
　　　　　　网址：http://www.neupress.com
　　　　　　E-mail：neuph@neupress.com
印　刷　者：辽宁一诺广告印务有限公司
发　行　者：东北大学出版社
幅面尺寸：185 mm×260 mm
印　　张：19
字　　数：451 千字
出版时间：2023 年 9 月第 1 版
印刷时间：2023 年 9 月第 1 次印刷
策划编辑：牛连功
责任编辑：周　朦
责任校对：王　旭
封面设计：潘正一

ISBN 978-7-5517-3405-9　　　　　　　　　　定　价：50.00 元

前　言

　　本书以习近平新时代中国特色社会主义思想为指引，全面贯彻党的教育方针，落实立德树人根本任务，培养德智体美劳全面发展的社会主义建设者和接班人，坚持以人民为中心发展教育，加快建设高质量教育体系，发展素质教育，促进教育公平。本书是国家高职高专"双高"建设成果教材，是国家现代学徒制人才培养模式改革和实践的成果，是为培养高素质多轴数控加工人才，践行高职高专"校企合作、工学结合"人才培养模式改革而编写的教材。

　　本书以职业岗位能力需求设计典型案例内容为主，以职业能力培养为重点，将理论知识与实践经验紧密结合，着重培养学生解决生产实际问题的创新能力，强化学生的实践能力并提升其技术创新能力，调动学生学习的积极性和创造性。本书详细介绍了海德汉 TNC 640 系统的编程方法、编程格式及相关注意事项；以项目案例为载体，具体介绍了五轴机床编程基础知识、海德汉系统轮廓编程应用、子程序和程序块编程应用、循环加工编程应用、五轴定向加工编程等内容。本书在内容安排上，注重由浅入深、通俗易懂、图文并茂，知识点讲解详细，同时提供了海德汉 TNC 640 系统 DMG 机床（A, C 轴双摆台结构）的基本操作视频，便于学生和五轴机床加工从业者学习使用。

　　参与编写本书的成员均具有多年的生产实践经验，且都从事多年数控加工教学工作，是数控加工领域的行家里手，包括国家级、省级、市级多名技术能手。本书主要由李家峰、徐慧、王东升撰写。同时，韩迷慧、孙翀翔、赵宏立、常营、吕野楠、马刚、热炎、魏国家、高广波做了大量的资料整理工作。另外，沈阳黎明发动机集团有限公司刘森、栗生锐对本书编写给予了指导和建议，在此表示感谢。

　　由于编著者水平有限，加之编写时间仓促，本书中难免存在疏漏之处，恳请读者批评、指正。

编著者

2023 年 5 月

目 录

项目一

五轴机床编程基础

随着数控加工技术的持续发展，多轴机床在机械加工领域得到广泛使用。这种机床科技含量高、精密度高，经常用于加工复杂的曲面。多轴机床加工系统对一个国家的航空、航天、军事、科研、精密器械、高精医疗设备等领域有着举足轻重的影响力。

多轴数控机床通常是指具有四个或四个以上可控轴的机床，这些坐标轴可以在 CNC 系统控制下进行联动。多轴数控加工（多坐标轴联动加工）是指四个或四个以上坐标轴的联动加工，其中最具代表性的是五轴联动加工。本书将以五轴机床为例，对多轴数控编程与操作进行讲解。

任务一　五轴机床常见分类及特点

🌐 任务描述

学生通过对多轴机床的结构、特点与应用的学习，了解多轴加工的相关知识、技术发展与应用，掌握常见五轴机床的结构及应用范围。

🌲 任务目标

（1）了解常见五轴机床的结构形式及分类。

（2）熟练判定常见五轴机床的各个坐标轴及正方向。

⚛ 相关知识点

五轴机床是由 3 个直线坐标轴和 2 个旋转轴组成的，各轴可在计算机数控（CNC）系统控制下同时运动，完成复杂零部件的精密制造。直线坐标轴为 X, Y, Z 轴，绕 X 轴旋转的旋转轴称为 A 轴，绕 Y 轴旋转的旋转轴称为 B 轴，绕 Z 轴旋转的旋转轴称为 C 轴，见图 1-1。虽然定义了 3 个旋转轴，但是在实际中只用到 2 个旋转轴。

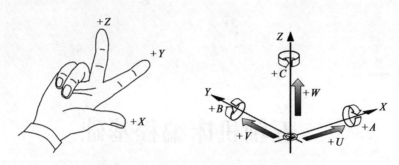

图 1-1　右手笛卡儿直角坐标系示意图

五轴机床加工中心旋转部件的运动方式各有不同，有的设计成刀具（主轴）摆动形式，有的设计成工件（工作台）摆动形式，为了满足不同产品的加工需求，主要有工作台摆动式、主轴摆动式、主轴和工作台同时摆动式三大类。

一、主轴倾斜式五轴机床

（一）工作台摆动式五轴机床

两个旋转轴都在工作台上的数控机床，称为双摆台结构五轴机床。这种结构的五轴机床具有主轴结构简单、刚性较好、制造成本较低的特点。双摆台结构五轴机床的 C 轴回转台可以无限制旋转，但由于工作台为主要回转部件，尺寸受限且承载能力不大，因此不适合加工过大的零件。常见的双摆台结构五轴机床有 A，C 轴转动结构和 B，C 轴转动结构两种形式。

1. X，Y，Z 轴和 A，C 轴转动结构

X，Y，Z 轴和 A，C 轴转动结构的五轴机床是 A 轴绕 X 轴摆动，C 轴绕 Z 轴旋转，如图 1-2 所示。该结构是目前最常见的五轴机床结构，其工作台的承载能力和精度均能控制在用户期望的使用范围内，且根据不同的精度需求，可以选择摆动轴是单侧驱动还是双侧驱动，从而更加有效地改善回转轴的机械精度。但由于受到床身铸造及制造的工艺限制，目前加工范围最大的双摆台结构五轴机床的工作直径被限制在 1400 mm 之内。

（a）　　　　　　　　　　　　　　（b）

图 1-2　A，C 轴双摆台结构五轴机床示意图

2. *X*, *Y*, *Z* 轴和 *B*, *C* 轴转动结构

X, *Y*, *Z* 轴和 *B*, *C* 轴转动结构的五轴机床是 *B* 轴为非正交 45°回转轴, *C* 轴为绕 *Z* 轴回转的工作台, 如图 1-3 所示。该类五轴机床能够有效减小机床的体积, 使机床的结构更加紧凑, 但由于其摆动轴为单侧支撑, 因此在一定程度上降低了转台的承载能力和精度。

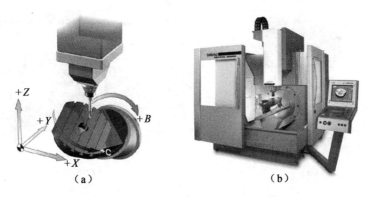

（a）　　　　　　　　　　（b）

图 1-3　*B*, *C* 轴双摆台结构五轴机床示意图

(二) 主轴摆动式五轴机床

两个旋转轴都在主轴头上的数控机床, 称为双摆头结构五轴数控机床。这类五轴机床的结构特点是, 主轴运动灵活, 工作台承载能力强且尺寸可以设计得非常大。其适用于加工船舶推进器、飞机机身模具、汽车覆盖件模具等大型零部件, 但将两个旋转轴都设置在主轴头一侧, 使得旋转轴的行程受限于机床的电路线缆, 从而无法进行 360°回转, 且主轴的刚性和承载能力较低, 不利于重载切削。

1. 十字交叉型

十字交叉型五轴机床是旋转轴部件 *A* 轴(*B* 轴)与 *C* 轴在结构上十字交叉, 且刀轴与机床 *Z* 轴共线, 如图 1-4 所示。

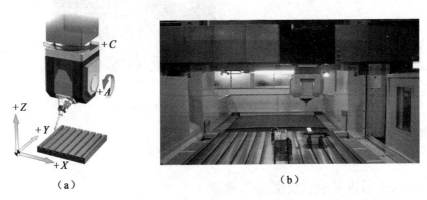

（a）　　　　　　　　　　（b）

图 1-4　十字交叉型五轴机床示意图

2. 刀轴俯垂型

刀轴俯垂型结构又称为非正交摆头结构，即构成旋转轴部件的轴线(B轴或A轴)与 Z 轴成45°夹角，如图1-5(a)所示。刀轴俯垂型五轴机床通过改变摆头的承载位置和承载形式，有效地提高了摆头的强度和精度，但采用非正交形式会增加回转轴的操作难度和 CAM 软件后置处理的定制难度。刀轴俯垂型五轴机床如图1-5(b)所示。

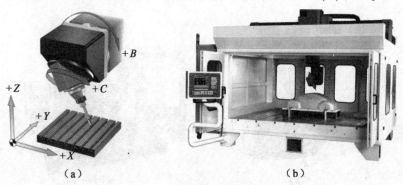

（a） （b）

图1-5 刀轴俯垂型五轴机床示意图

（三）主轴和工作台同时摆动式五轴机床

两个旋转轴中的主轴头设置在刀轴一侧，旋转轴设置在工作台一侧，这种结构称为一摆头一转台式五轴机床。这类五轴机床的特点是，旋转轴的结构布局较为灵活，可以是 A，B，C 三轴中的任意两轴的组合，其结合了主轴倾斜和工作台倾斜的优点，加工灵活性和承载能力均有所改善。一摆头一转台式五轴机床如图1-6所示。

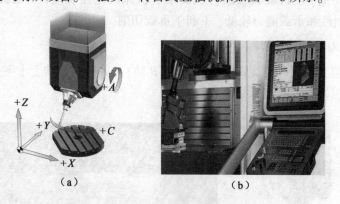

（a） （b）

图1-6 一摆头一转台式五轴机床示意图

二、五轴机床加工特点

（一）减少基准转换，提高加工精度

多轴数控加工的工序集成化不仅提高了工艺的有效性，而且由于零件在整个加工过程中只需一次装夹，使得加工精度更容易得到保证。

（二）减少工装夹具数量和车间占地面积

尽管多轴数控加工中心的单台设备价格较高，但由于过程链的缩短和设备数量的减少，工装夹具数量、车间占地面积和设备维护费用也随之减少。

（三）缩短生产过程链，简化生产管理

五轴机床的完整加工大大缩短了生产过程链，而且由于只把加工任务交给一个工作岗位，不仅使生产管理和计划调度得到简化，而且透明度明显提高。工件越复杂，它相对于传统工序分散的生产方法的优势就越明显。同时，由于生产过程链缩短，在制品的数量必然减少，因此可以简化生产管理，从而降低生产运作和管理的成本。

（四）缩短新产品研发周期

对于航空、航天、汽车等领域的企业，有的新产品零件及成型模具形状很复杂，精度要求也很高，因此具备高柔性、高精度、高集成性和完整加工能力的多轴数控加工中心可以很好地解决新产品研发过程中复杂零件加工的精度和周期问题，大大缩短研发周期和提高新产品研发的成功率。

三、海德汉 TNC 640 系统简介

海德汉 TNC 640 系统是替代海德汉 iTNC 530 系统的升级产品，特别适用于高性能铣削类机床，也是海德汉系统中第一款实现铣车复合的数控系统。该系统保持了海德汉系统在五轴加工、高速加工及智能加工方面的先进特点，能将加工速度、精度和表面质量实现完美统一。同时，该系统具备更多的创新功能：支持高分辨率的三维图形模拟；独特的高级动态预测（ADP）功能可以大幅提高加工效率和表面粗糙度；适用于航空、航天、模具制造和医疗等领域。

海德汉 TNC 640 系统（图 1-7）可以配备传统的显示器和键盘，也可以配备触摸屏和键盘。在该系统中，无论是缩放、旋转还是平移，都可以通过指尖快速、轻松地操作。该系统中的提示信息、提问和图形可以为操作人员提供支持，包括对车削加工的支持。该系统提供了大量实用的加工循环或坐标变换功能，因此，无论是标准操作还是复杂应用，都能快速完成。用该系统执行简单任务（如面铣或端面车）时，甚至无须编写程序，操作人员只需按下轴向键，然后手动操作机床，或者用电子手轮进行操作。该系统也支持脱机编程。该系统自带的以太网接口能确保快速完成数据传输，包括传输数据量大的程序。本书关于编程的知识都是按照海德汉 TNC 640 系统进行介绍的，相关操作技能是以海德汉 TNC 640 系统 DMG 机床为例进行介绍的。

海德汉系统五轴机床
结构及坐标系介绍

图 1-7　海德汉 TNC 640 系统实物图

任务实践

（1）常见的五轴机床都有哪些结构形式？

（2）判断下列五轴机床的坐标系。

①指出图 1-8 所示五轴机床坐标轴的布设方式与各轴的正方向。

②指出图 1-9 所示五轴机床坐标轴的布设方式与各轴的正方向。

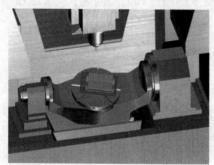

图 1-8　五轴机床模拟图 1　　　　　　　　图 1-9　五轴机床模拟图 2

任务二　海德汉系统五轴机床操作面板简介

任务描述

　　海德汉 TNC 640 系统是面向车间应用的轮廓加工数控系统，操作人员可在机床上通过对话格式编程语言编写常规加工程序。海德汉 TNC 640 系统既可以用于铣床、钻床和镗床，以及最大轴数为 18 个以内的加工中心，也可以用程序将主轴定位在一定角度位置；该系统自带的硬盘为程序存储提供了充足空间，包括脱机编写的程序；为方便快速计算，还可以随时调用内置的计算器；键盘和屏幕显示的布局清晰合理，可以快速方便地使用系统中的所有功能。通过对海德汉 TNC 640 系统 DMG 机床操作面板的学习，学生可以了解系统显示面板各个分区的作用，掌握每个按键的位置及功能。

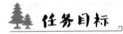 任务目标

（1）掌握系统屏幕画面布局及各部分功能。

（2）熟练掌握各个按键的位置和作用。

 相关知识点

一、海德汉 TNC 640 系统 DMG 机床操作面板

海德汉 TNC 640 系统 DMG 机床操作面板由多组按键组成（见图1-10），主要包括字母键盘、文件管理器功能键、编程与试运行模式、机床操作模式、编程指令区、方向键、坐标轴与数字等。海德汉 TNC 640 系统 DMG 机床操作面板上常用按键及功能见表1-1。

图1-10　海德汉 TNC 640 系统 DMG 机床（A，C 轴）操作面板

表1-1　海德汉 TNC 640 系统 DMG 机床操作面板上常用按键及功能

组别	按键	功能
机床操作模式		手动操作模式
		电子手轮
		MDI 模式定位
		程序运行：单段方式
		程序运行：全自动方式

表 1-1（续）

组别	按键	功能
编程模式	⟐	程序编辑
	→	程序测试运行
输入和编辑坐标轴、数字	X ····· V	选择 X，Y，Z，Ⅳ，V 坐标轴或将其输入到 NC 程序中
	0 ····· 9	输入 0 至 9 数字
	· / -/+	小数点/正负号
	P / I	极坐标输入/增量值
	Q	Q 参数编程/Q 参数状态
	⊹	获取实际位置
	NO ENT	忽略对话提问，删除字
	ENT	确认输入信息并继续对话
	END □	结束 NC 程序段，结束输入
	CE	清除输入或清除 TNC 出错信息
	DEL □	中断对话，删除程序块
刀具功能	TOOL DEF	定义 NC 程序中的刀具数据
	TOOL CALL	调用刀具数据

表 1-1(续)

组别	按键	功能
管理 NC 程序 和文件，控制功能	PGM MGT	选择或删除 NC 程序或文件，外部数据传输
	PGM CALL	定义程序调用，选择原点和点位表
	MOD	选择 MOD 功能
	HELP	显示 NC 出错信息的帮助信息，调用 TNC guide
	ERR	显示当前全部出错信息
	CALC	显示计算器
	SPEC FCT	显示特殊功能
	⊒▶	尚未定义
导航键	↑ ←	定位光标，移动高亮条到程序段、循环和参数功能上
	GOTO □	直接跳转到 NC 程序段、循环和参数功能
	HOME	浏览到程序或表行的起点位置
	END	浏览到程序或表行的终点位置
	PG DN	浏览上一页
	PG UP	浏览下一页
	▤	选择窗体中的下个选项卡
	▤↑ / ▤↓	向上/向下移动一个对话框或按钮

表 1-1（续）

组别	按键	功能
循环、子程序和程序块重复	TOUCH PROBE	定义测头探测循环
	CYCL DEF / CYCL CALL	定义/调用循环
	LBL SET / LBL CALL	输入/调用子程序和程序块重复
	STOP	在 NC 程序中输入程序停止指令
轴运动选择键	→ / ←	$X+$方向/$X-$方向运行键
	↗ / ↙	$Y+$方向/$Y-$方向运行键
	↑ / ↓	$Z+$方向/$Z-$方向运行键
	+ / −	$A+$方向/$A-$方向运行键
	IV+ / IV−	$C+$方向/$C-$方向运行键
	∿	快速移动键，配合 X, Y, Z, A, C 轴选择键使用
机床操作功能键	⊃↻	主轴正转
	0	主轴停止
	⊃↺	主轴反转
	↑%	主轴倍率升
	100%	主轴倍率 100%
	↓%	主轴倍率降

表 1-1(续)

组别	按键	功能
机床操作功能键	⚙ / ⚙	刀库左转/刀库右转
	◉ / ⚘	内部冷却液接通/关闭,冷却液接通/关闭
	⟲	放行刀夹具
	FCT	FCT 或 FCT A 屏幕切换
	↑	解锁/上锁加工间门
	▥	托盘放行
	⊡	进给保持并主轴运动
	⟳	进给保持
	⟳	循环启动

　　在海德汉 TNC 640 系统 DMG 机床操作面板右侧偏下的位置上,有授权钥匙 TAG 和运行方式选择键,如图 1-11 所示。授权钥匙 TAG 用作授权的钥匙和数据存储。运行方式选择键用于选择 4 种运行模式。

运行方式
选择键

授权钥匙
TAG

图 1-11　授权钥匙 TAG 和运行方式选择键

　　运行方式选择键的 4 种运行模式的具体功能如下:

　　(1)在加工间关闭状态下进入安全运行模式,可进行绝大多数操作,该模式为系统默认状态;

　　(2)在加工间开启状态下进入调整运行模式,系统限制主轴转速最高 800 r/min,进给速率最大 2 m/min；

（3）可在加工间门开启状态下运行，该模式与调整运行模式相同，系统限制主轴转速最高 5000 r/min，进给速率最大 5 m/min；

（4）扩展的手工干预模式，可获得更大权限，需要特殊授权。

在这里需要说明一下，手动状态下，直接按住各个轴的方向键，机床按照进给倍率按钮设定的速度移动；同时按下快速移动键和方向键，机床按照快移倍率按钮设定的速度移动。

二、海德汉 TNC 640 系统 DMG 机床显示屏幕

海德汉 TNC 640 系统 DMG 机床的显示屏幕（图 1-12）主要包括左侧标题行、垂直功能键、状态表格、水平功能键、位置显示等。该显示屏幕的布局如图 1-13 所示，操作时单击图示对应的按键即可。该显示屏幕各区域的名称及功能见表 1-2。海德汉 TNC 640 系统 DMG 机床显示器上按键功能见表 1-3。

图 1-12　海德汉 TNC 640 系统
DMG 机床的显示屏幕

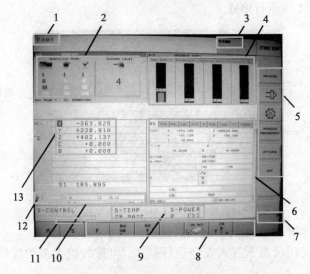

图 1-13　海德汉 TNC 640 系统
DMG 机床显示屏幕的布局

1-12

表 1-2 海德汉 TNC 640 系统 DMG 机床显示屏幕布局说明

序号	名称	功能
1	左侧标题行	将显示当前选中的机床运行方式(手动操作、MDI、电子手轮、单段运行、自动运行、smarT.NC 等)
2	授权运行状态	显示当前机床的运行方式及 Smart Key 状态
3	右侧标题行	显示当前选中的程序运行方式(程序保存/编辑、程序测试等)
4	主轴监控	显示机床当前的监控状态(主轴温度、震动、倍率等)
5	垂直功能键	显示机床功能
6	状态表格	表格概况:位置显示可达 5 个轴,刀具信息,正在启用的 M 功能,正在启用的坐标变换,正在启用的子程序,正在启用的程序循环,用"PGM CALL"按键调用的程序,当前的加工时间,正在启用的主程序名
7	用户文档资料	在 TNC 引导下浏览
8	水平功能键	显示编程功能
9	监控显示	显示轴的功率和温度
10	工艺显示	显示刀具名、刀具轴、转速、进给和旋转方向、冷却润滑剂的信息
11	功能键层	显示功能键层的数量
12	显示零点	来自预设值表正启用的基准点编号
13	位置显示	可通过"MOD-"模式键设置:IST(实际值)、REF(参考点)、SOLL(设定值)、RESTW(剩余行程)、RW-3D

表 1-3 海德汉 TNC 640 系统 DMG 机床显示器上按键功能

组别	按键	功能
显示器上的按键	⟳	选择屏幕布局
	↻	切换机床操作模式、编程操作模式
	▢	显示屏上选择功能的软键
	◁ ▷ △	切换软键行
	CUSTOM	切换授权运行状态、主轴监控

三、海德汉 TNC 640 系统屏幕布局与操作模式

海德汉 TNC 640 系统的操作模式分为机床操作模式与编程操作模式。机床操作模式用于加工零件，如手动操作、MDI 操作、机床轴移动、工件加工原点设置等。编程操作模式用于编程，如程序编制、程序试运行等。两种模式通过"模式切换"键（⊙）进行切换。如图 1-14 所示，模式提示显示于屏幕上方信息提示区，左侧显示的"手动操作"为机床操作模式，右侧显示的"编程"为编程操作模式。当前模式（前台）显示在浅灰色的长框中，如"编程"显示在浅灰色的长框中，表示当前模式为编程操作模式；"手动操作"显示在深灰的短框中，表示机床操作模式为后台模式。在机床操作模式或编程操作模式下可选择各种屏幕布局。选择屏幕布局时，先按"布局切换"键（⊙），再在软键区选择所需的布局类型。

图 1-14 所示为编程操作模式下"程序+图形"界面；图 1-15 所示为编程操作（程序试运行）模式下"程序+工件"界面；图 1-16 所示为机床操作模式下显示形式选择界面，可以选择"位置""位置+状态""位置+工件""位置+机床"的布局。

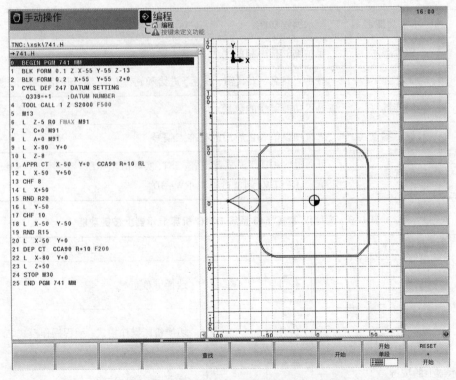

图 1-14　编程操作模式下"程序+图形"界面

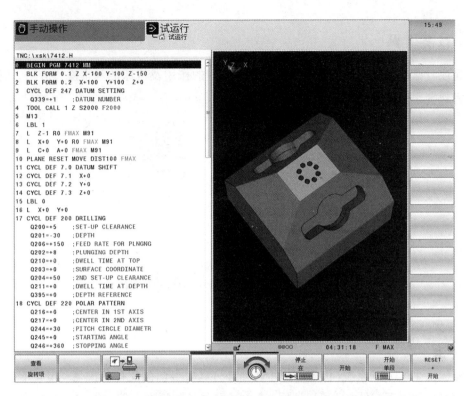

图1-15　编程操作(程序试运行)模式下"程序+工件"界面

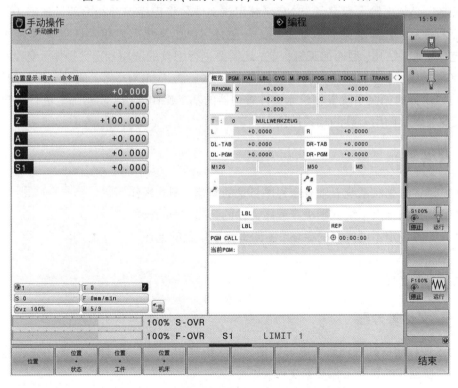

图1-16　机床操作模式下显示形式选择界面

任务实践

简述海德汉系统五轴机床操作面板上各按键的作用及机床的基本操作方法。（扫描二维码观看相关资源。）

海德汉系统五轴机床　　　　　　海德汉系统五轴机床
操作面板功能简介　　　　　　　　基本操作简介

任务三　编程基本操作

任务描述

海德汉 TNC 640 系统（以下简称 TNC 系统）具有专门的文件管理器，用它不仅可以方便地查找和管理文件，还可以调用、复制、重命名和删除文件。在 TNC 系统上编写零件程序时，必须先输入程序名。TNC 系统用该文件名将程序保存在内部存储器中。开始一个新程序后，立即定义尚未加工的工件毛坯。TNC 系统需要用毛坯定义进行图形仿真。进行轮廓、钻孔、型面加工编程前，还需要进行刀具的调用和定义操作。编程的准备工作基本完成后，即可输入具体的编程指令，如"L""C""RND"等。通过本任务的学习，学生可以掌握海德汉系统五轴机床文件管理器的基本操作方法，能熟练地进行创建新文件、定义毛坯、调用刀具的相关操作。

任务目标

（1）掌握海德汉系统五轴机床程序目录的新建、删除操作。
（2）掌握海德汉系统五轴机床程序文件的新建、删除操作。
（3）熟练设定不同类型的毛坯、不同坐标系位置的毛坯。

相关知识点

一、文件管理器

为了使程序文件管理起来更加方便，实际编程中一般是在 TNC 系统中先创建新目录，再在新创建的目录下创建新文件。

（一）创建新目录与删除目录

1. 创建新目录

创建新目录操作类似在电脑上创建一个新的文件夹，具体步骤如下。

（1）按"模式切换"键进入编程模式，按"程序编程"键（◇）进入编程状态。

（2）按"程序管理"键（ PGM MGT ），弹出文件管理界面，如图 1-17 所示。

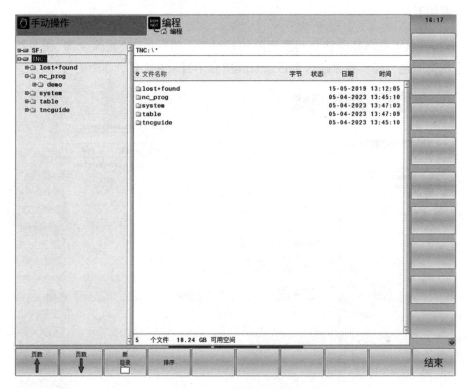

图 1-17　文件管理界面

（3）按导航键移动高亮条到图 1-17 中左侧窗口的"TNC："驱动器上。用系统屏幕上的"软键行切换"键（见表 1-3），切换到" 新目录 □ "界面，单击"新目录"软键，弹出图1-18所示的"新目录"对话框。

图 1-18　"新目录"对话框

（4）在"目录名？"输入框中输入新目录名称，输入完成后单击"确定"键或按下"ENT"键（ ENT ），新目录即创建完成。输入新目录名称时，文件名长度不能超过 24 个字符，否则 TNC 系统无法显示完整文件名。文件名既可以是单独字母或单独数字，也可以是字母加数字组合，如"LNCCSKJS2023"。

2. 删除目录

删除目录即把驱动器上现有的某个目录删除，类似在电脑上删除一个已有文件夹，具体步骤如下。

（1）按导航键把高亮条移动到要删除的目录上，然后单击"删除全部"键（ ）。TNC 系统询问是否确实要删除这个目录及其所有子目录和文件，如图 1-19 所示。

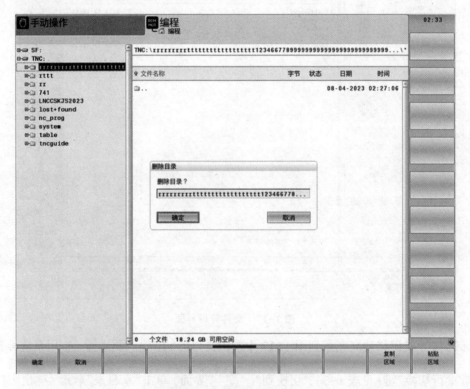

图 1-19　删除目录界面

（2）若确认删除该目录，则按下"确定"软键；若取消删除该目录，则按下"取消"软键。需要注意的是，删除目录后将不能恢复。

（二）创建新文件与删除文件

1. 创建新文件

（1）按导航键把高亮条移动到新创建的目录上，如"LNCCSKJS2023"。

（2）按导航键中的"右方向"键把高亮条移动到右侧文件窗口，如图 1-20 所示。

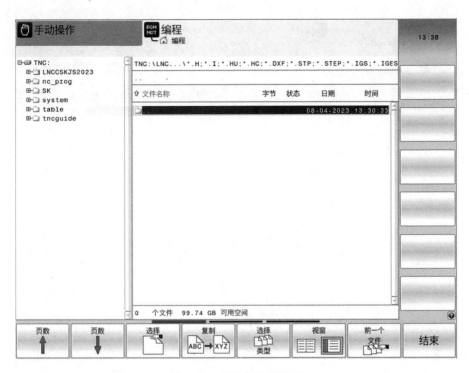

图 1-20 创建新文件界面

（3）用系统屏幕上的"软键行切换"键（见表 1-3），切换到""界面，单击"新文件"软键，弹出如图 1-21 所示的"新文件"对话框。

图 1-21 "新文件"对话框

（4）在"文件名="输入框中输入新文件名称（如"SK123"），输入完成后单击"确定"键，弹出如图 1-22 所示界面。注意：文件名最多 25 个字节，不能有" * "" \ "" / "" " "" ? ""<""> "等符号，文件名的扩展名必须为".H"。

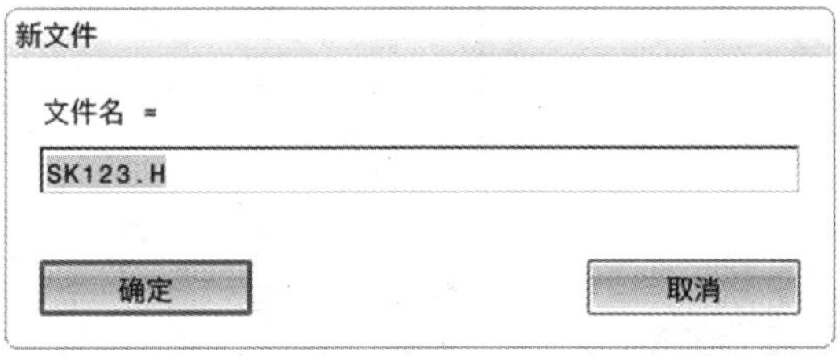

图 1-22 新文件名称输入完成

（5）文件名及扩展名确认无误后，单击"确定"键，弹出如图 1-23 所示界面。

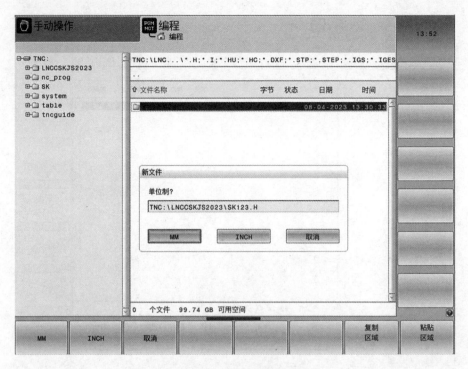

图 1-23　新文件单位选择界面

（6）单击"MM"（毫米）或者"INCH"（英寸）软键，弹出如图 1-24 所示程序段输入及编辑界面，新文件即创建完成。

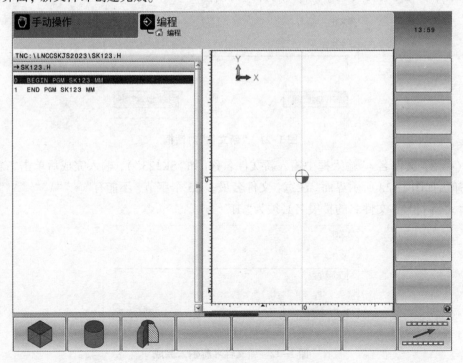

图 1-24　程序段输入及编辑界面

2. 删除文件

(1)在编辑状态下,按"程序管理"键,进入文件管理界面,按导航键把高亮条移动到要删除的文件上,然后单击"删除"按键(),弹出如图 1-25 所示界面。

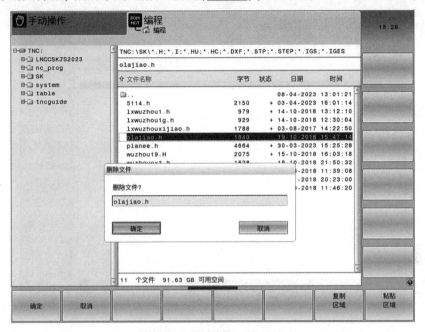

图 1-25 删除文件界面

(2)若确认删除此文件,则单击"确定"软键;若取消删除此文件,则单击"取消"软键。

二、定义工件毛坯

新文件创建完成后弹出程序编辑界面,然后需要定义尚未加工的工件毛坯。TNC 系统需要用毛坯定义进行图形仿真。毛坯类型有矩形、圆柱、旋转对称。工件毛坯的软件图示及功能见表 1-4。

表 1-4 工件毛坯的软件图示及功能

软件图示	功能
	定义矩形毛坯
	定义圆柱毛坯
	定义旋转对称毛坯

（一）定义矩形毛坯

单击"定义矩形毛坯"软键后，TNC 系统弹出如图 1-26 所示定义矩形毛坯界面。该界面左下角有 X，Y，Z 轴选项。如果主轴(刀轴)为 Z 轴，那么单击"轴 Z"软键。

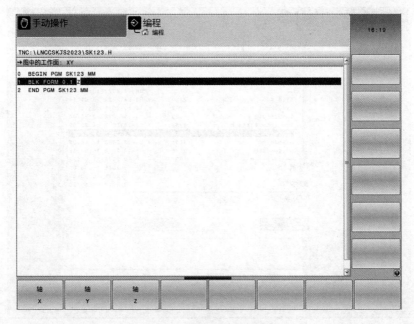

图 1-26　定义矩形毛坯界面

按导航键中的"右方向"键，系统自动弹出"X"，并显示提示信息"工件毛坯定义：最小 X"，如图 1-27 所示。

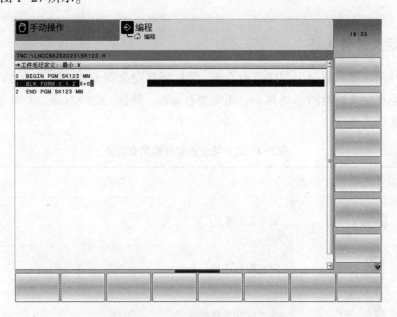

图 1-27　输入毛坯最小点编程界面

输入毛坯最小点 X 值，如"0"，按"ENT"键，生成"X+0"，并弹出"Y"；再输入 Y 值，按"ENT"键，并弹出"Z"；最后输入 Z 值，按"ENT"键，弹出下一行"BLK FORM 0.2 X"，同时提示信息变为"工件毛坯定义：最大 X"，如图 1-28 所示。同样，输入毛坯最大点 X，Y，Z 值，确认后完成毛坯定义，如图 1-29 所示。其中，0.1 表示输入毛坯最小点坐标；0.2 表示输入毛坯最大点坐标。

图 1-28 输入毛坯最大点编程界面

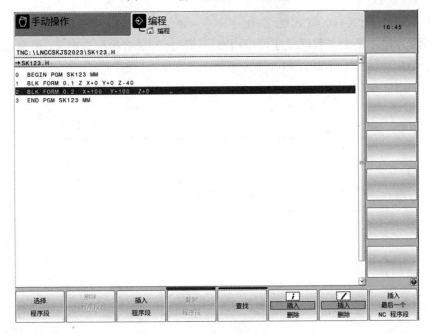

图 1-29 矩形毛坯定义完成界面

定义的毛坯为立方体，毛坯的各边分别与 X, Y, Z 轴平行，通过毛坯上的两个最值点坐标来定义，最小点在毛坯的左前下方，最大点在毛坯的右后上方。坐标值以工件坐标系为基准。最小点只能用 X, Y, Z 的绝对值坐标表示，最大点可用绝对值坐标或增量值坐标表示，增量值坐标为相对于最小点的值。

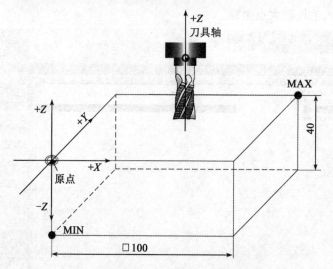

图 1-30　毛坯定义与工件坐标系 1

定义如图 1-30 所示的工件坐标系 1 时，定义毛坯的程序段如下：

最小点（MIN）：

BLK FORM 0.1 Z X+0 Y+0 Z-40　　　　　　只能用绝对值坐标

最大点（MAX）：

BLK FORM 0.2 X+100 Y+100 Z+0　　　　　　绝对值坐标

上面程序段中最大点程序段还可以用增量值坐标和混合坐标来定义，具体如下：

BLK FORM 0.2 IX+100 IY+100 IZ+40　　　　增量值坐标

BLK FORM 0.2 IX+100 IY+100 Z+0　　　　　混合坐标

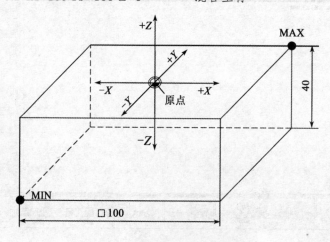

图 1-31　毛坯定义与工件坐标系 2

定义如图 1-31 所示的工件坐标系 2 时,定义毛坯的程序段如下:

最小点(MIN):

BLK FORM 0.1 Z X-50 Y-50 Z-40　　　　　只能用绝对值坐标

最大点(MAX):

BLK FORM 0.2 X+50 Y+50 Z+0　　　　　　绝对值坐标

上面程序段中最大点程序段还可以用增量值坐标和混合坐标来定义,具体如下:

BLK FORM 0.2 IX+100 IY+100 IZ+40　　　增量值坐标

BLK FORM 0.2 IX+100 IY+100 Z+0　　　　混合坐标

定义了工件毛坯,就可以在程序试运行时,进行模拟加工(见图 1-15)。以后如果需要再定义毛坯,就可以按下"特殊功能"键($\boxed{\text{SPEC FCT}}$),单击"程序默认值"软键($\boxed{\text{程序默认值}}$),然后按下"BLK FORM"(毛坯定义)软键($\boxed{\text{BLK FORM}}$),系统会弹出如图 1-24 左下角所示的界面,在此界面中选择毛坯类型。

(二)定义圆柱毛坯

单击"定义圆柱毛坯"软键后,TNC 操作系统弹出"BLK FORM CYLINDER Z"程序段。该界面左下角有 X,Y,Z 轴选项。左上角提示"围绕 Z 轴旋转的毛坯",如果主轴(刀轴)为 Z 轴,那么单击"轴 Z"软键,按"ENT"键,弹出如图 1-32 所示的圆柱毛坯外径定义选择界面,圆柱毛坯的各个参数功能见表 1-5。

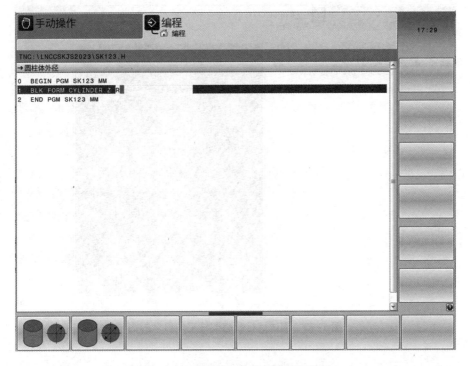

图 1-32　圆柱毛坯外径定义选择界面

表 1-5　定义圆柱毛坯参数表

参数	功能
D/R	定义圆柱毛坯外径尺寸（"D"定义直径，"R"定义半径）
L	定义圆柱毛坯长度
DI/RI	定义空心圆柱的内径（"DI"定义内孔直径，"RI"定义内孔半径）
DIST	工件坐标系沿旋转轴的平移值（如果工件坐标系为 Z0，那么在圆柱上表面 DIST 输入 0）

注：DIST 和 DI/RI 是可选参数，允许不对其编程。

例如，定义一个外径为 50、长度为 100、内孔直径为 20 的圆柱毛坯（见图 1-33），其程序段如下：

BLK FORM CYLINDER Z D50　L100 DIST+0 RI10

或

BLK FORM CYLINDER Z R25　L100 DI20

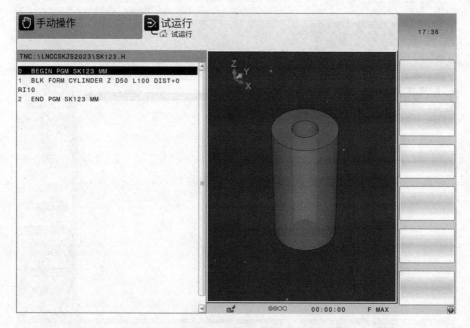

图 1-33　测试运行状态圆柱毛坯显示界面

（三）定义旋转对称毛坯

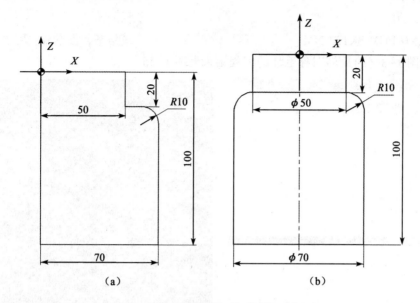

图1-34　旋转对称毛坯轮廓示意图

定义旋转对称毛坯时需要利用子程序定义毛坯轮廓。如图1-34所示轮廓，绕着Z轴旋转定义毛坯。旋转对称毛坯定义编程格式如下：

BLK FORM ROTATION Z DIM_R LBL n

其中，参数"BLK FORM ROTATION"是定义旋转对称毛坯；参数"Z"是旋转轴，定义刀轴方向；也可以根据刀轴方向的不同，定义"X"或"Y"；参数"DIM_R"定义旋转轮廓的半径，如图1-34(a)中的50和70尺寸，旋转轮廓的直径尺寸还可以用参数"DIM_D"来定义，如图1-34(b)中的ϕ50和ϕ70尺寸；参数"LBL n"定义轮廓形状的子程序。

定义图1-34(a)所示毛坯的参考程序如下：

0　BEGIN PGM SK123 MM	程序开始，程序名，尺寸单位
1　BLK FORM ROTATION Z DIM_R LBL 1	旋转对称定义毛坯，主轴(旋转)坐标轴Z，半径，长度，距离，内半径由子程序"LBL 1"定义
2　STOP M30	结束主程序
3　LBL 1	定义子程序
4　L X+0 Z+0	轮廓起点
5　L X+50	
6　L Z-20	
7　L X+70	
8　RND R10	
9　L Z-100	

10 L X+0

11 L Z+0   轮廓终点

12 LBL 0   子程序结束

13 END PGM SK123 MM   程序结束，程序名，尺寸单位

定义图 1-34(a) 旋转对称毛坯的编程结果见图 1-35。

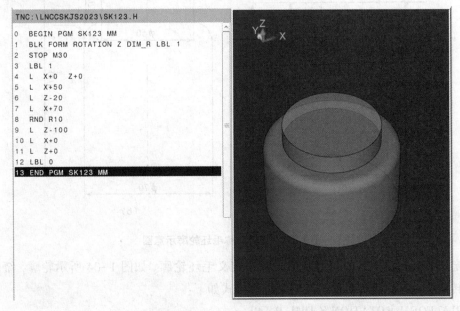

```
TNC:\LNCCSKJS2023\SK123.H
0  BEGIN PGM SK123 MM
1  BLK FORM ROTATION Z DIM_R LBL 1
2  STOP M30
3  LBL 1
4  L  X+0   Z+0
5  L  X+50
6  L  Z-20
7  L  X+70
8  RND R10
9  L  Z-100
10 L  X+0
11 L  Z+0
12 LBL 0
13 END PGM SK123 MM
```

图 1-35　定义图 1-34(a) 旋转对称毛坯示意图

三、刀具调用和定义

（一）刀具调用

用海德汉数控系统编程时，完成毛坯（BLK FORM）和原点（CYCL DEF 247）定义后，一般就可以调用刀具了。例如，要调用 1 号刀具"T1"，按编程指令区"$\boxed{\text{TOOL CALL}}$"键，编程界面显示"TOOL CALL"（信息提示区显示"调用刀具"），输入刀具编号 1，按"ENT"键确认；弹出"Z"（信息提示区显示"工作主轴为 X/Y/Z ？"），见图 1-36；按"ENT"键确认，弹出"S"（信息提示区显示"主轴转速 S = ？"），输入转速 2500；弹出"F"（信息提示区显示"进给率？ F = ？"），输入转速 300；按"END"键（$\boxed{\overset{\text{END}}{\square}}$）结束程序段输入。

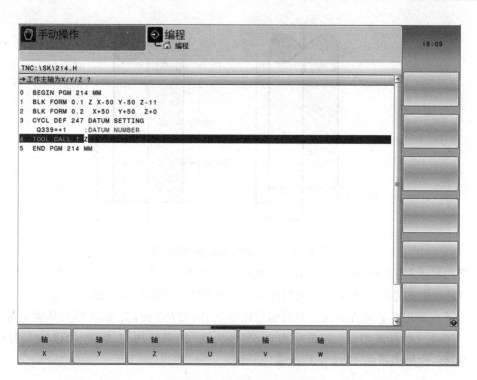

图 1-36　刀具调用编程界面

用"TOOL CALL"指令调用刀具的程序段中，通常输入上述参数即可。其全部参数如下。

（1）刀具编号：输入刀具编号或名称。输入的刀具必须已在"TOOL DEF"程序段或刀具表中定义。

（2）主轴 X, Y, Z：输入刀轴坐标轴。

（3）主轴转速 S。

（4）进给速率 F。

（5）刀具长度差值 DL：输入刀具长度方向的偏移量/补偿值。

（6）刀具半径差值 DR：输入刀具半径方向的偏移量/补偿值。

（7）刀具半径差值 DR2：输入刀具圆弧半径的差值/补偿值。

例如，"TOOL CALL 1 Z S2500 F300 DL+0.3 DR+1 DR2：0.04"程序段表示调用 1 号刀具、刀轴为 Z、主轴转速为 2500 r/min、进给速率为 300 mm/min、刀具长度补偿值为 0.3 mm、刀具半径补偿值为 1 mm、刀具圆弧半径补偿值为 0.04 mm。

图 1-37 为刀具 DL, DR 参数示意图。其中，正差值表示刀具尺寸大，即 DL, DR, DR2 均大于 0。如果用有余量的加工数据编程，那么在零件程序的"TOOL CALL"（刀具调用）程序段中输入正差值。负差值表示刀具尺寸小，即 DL, DR, DR2 均小于 0。在刀具表中输入负差值代表刀具的磨损量。差值通常用数字输入，在"TOOL CALL"程序段中，也可以将差值用 Q 参数指定。

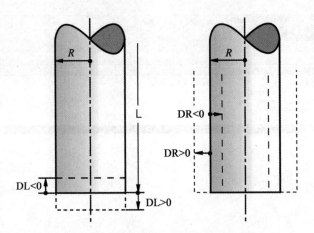

图 1-37 刀具 DL, DR 参数示意图

模拟显示时，"TOOL CALL"程序段的差值可以改变工件的显示尺寸，但刀具尺寸不变；刀具表中的差值会影响刀具的图形显示，但工件的图形显示不变。

刀具在调用前必须先定义。刀具编号用整数 0~32767 标记，如 3 号刀具标记为 T3。其中，T0 定义为标准刀具，其长度为 0、半径为 0。如果使用刀具表，可以输入刀具名称，刀具名称最多可由 12 个字符组成。

(二) 刀具定义

在刀具表中定义刀具或输入刀具数据时，可以按"手动操作模式"键或"屏幕模式切换"键进入加工操作模式，单击" 🔧 刀具表 "软键，将" 编辑 关 ▢ 开 "软键置于"开"状态，即可输入或编辑刀具数据。刀具表参数界面如图 1-38 所示。

T		NAME	L	R	R2	DL	DR	DR2	TL	RT	TIME1	TIME2	CUR_TIME
0		NULLWERKZEUG	+0	+0	+0	+0	+0	+0			0	0	0
1		MILL_D2_ROUGH	+30	+1	+0	+0	+0	+0			0	0	0
2		MILL_D4_ROUGH	+30	+2	+0	+0	+0	+0			0	0	0
3		MILL_D6_ROUGH	+40	+3	+0	+0	+0	+0			0	0	0
4		MILL_D8_ROUGH	+40	+4	+0	+0	+0	+0			0	0	0
5		MILL_D10_ROUGH	+60	+5	+0	+0	+0	+0			0	0	0
6		MILL_D12_ROUGH	+50	+6	+0	+0	+0	+0			0	0	0
7		MILL_D14_ROUGH	+50	+7	+0	+0	+0	+0			0	0	0
8		MILL_D16_ROUGH	+60	+8	+0	+0	+0	+0			0	0	0
9		MILL_D18_ROUGH	+60	+9	+0	+0	+0	+0			0	0	0
10		MILL_D20_ROUGH	+70	+10	+0	+0	+0	+0			0	0	0
11		MILL_D22_ROUGH	+80	+11	+0	+0	+0	+0			0	0	0
12		MILL_D24_ROUGH	+90	+12	+0	+0	+0	+0			0	0	0
13		MILL_D26_ROUGH	+90	+13	+0	+0	+0	+0			0	0	0
14		MILL_D28_ROUGH	+90	+14	+0	+0	+0	+0			0	0	0
15		MILL_D30_ROUGH	+90	+15	+0	+0	+0	+0			0	0	0
16		MILL_D32_ROUGH	+90	+16	+0	+0	+0	+0			0	0	0
17		MILL_D34_ROUGH	+100	+17	+0	+0	+0	+0			0	0	0
18		MILL_D36_ROUGH	+100	+18	+0	+0	+0	+0			0	0	0
19		MILL_D38_ROUGH	+100	+19	+0	+0	+0	+0			0	0	0

编辑刀具表　手动操作▶刀具表 编辑　　编程　18:26

TNC:\table\tool.t

刀具偏置：长度?　　mm　　最小 -99999.9999, 最大 +99999.9999

开始 | 结束 | 页数 | 页数 | 编辑 关▢开 | 查找 | 刀位表 | 结束

图 1-38 刀具表参数界面

刀具表中，L，R，R2 参数用于定义刀具基本尺寸；DL，DR，DR2 参数用于定义刀具磨损值（刀具实际尺寸变化）。当编辑刀具参数的软键切换到"关"状态时或退出刀具表前，修改的刀具参数不生效；如果修改了当前刀具的参数，修改的数据在下一个"TOOL CALL"后生效。

在程序中定义刀具/输入刀具数据的步骤如下。在程序中输入刀具数据，按"TOOL DEF"键，输入刀具编号后，可以输入刀具长度 L 方向偏移量与刀具半径 R 方向偏移量等。例如，定义 4 号刀具，刀具长度方向的偏移量为 0.4 mm、半径方向的偏移量为 0.2 mm，输入程序段为"TOOL DEF 4 L+0.4 R+0.2"。DL，DR 等参数一般不在程序中定义，而在刀具表中定义。刀具表中常用参数含义见表 1-6。

表 1-6 刀具表中常用参数

缩写	输入	对话
T	在程序中调用的刀具编号	—
NAME	程序中调用的刀具名称(不超过 32 个字符，全大写，无空格)	刀具名称?
L	刀具长度 L 的补偿值	刀具长度?
R	刀具半径 R 的补偿值	刀具半径 R?
R2	盘铣刀半径 R2(仅用于球头铣刀或盘铣刀加工时的 3-D 半径补偿或图形显示)	刀具半径 R2?
DL	刀具长度 L 的差值(偏置量)	刀具长度正差值?
DR	刀具半径 R 的差值(偏置量)	刀具半径正差值?
DR2	刀具半径 R2 的差值	刀具半径正差值 R2?
ANGLE	循环 22 和 208 往复切入加工时刀具的最大切入角	最大切入角?
TYP	刀具类型：按下"ENT"键，编辑该字段；按下"GOTO"键打开一个窗口，在该窗口中选择刀具类型。可以设置显示过滤器的刀具类型，如只显示表中所选类型的刀具	刀具类型?
DOC	刀具注释(最多 32 个字符)	刀具注释?
PLC	将传给 PLC 的有关该刀的信息	PLC 状态?
LCUTS	循环 22 的刀刃长度	沿刀具轴的刀刃长度?
PTYP	处理刀位表中的刀具类型	刀位表的刀具类型?
T-ANGLE	刀尖角，用于定心循环(循环 240)，用直径信息计算定心孔深度	点角?
CUT	刀刃数(最多 99 个)	刀刃数?
TP-NO	测头表中的测头数量	测头数

注：当刀具为钻头时，T-ANGLE 参数通常输入刀尖角 118°。PLC 参数默认为"%00000000"；当需要使用内冷刀具(中心出水)时，PLC 参数修改为"%00000010"；当刀具为测头时，TP-NO 参数必须是 1，PLC 参数修改为"%00010100"，TYP 参数修改为"TCHP"。

任务实践

（1）TNC 系统如何进行程序编辑操作？（扫描二维码观看相关资源。）

（2）按照要求完成下列相关操作。在 TNC 系统中，在内部存储器"TNC："下，创建一个名为"WUZHOU"的新目录，在该目录下创建一个名为"SK1"的新文件。设定一块 150×150×20 大小的毛坯，坐标系在毛坯的左下角。调用 3 号刀具，刀轴为 Z，主轴转速 S 为 2000 r/min，进给速率 F 为 500 mm/min。工作任务操作完成结果显示界面见图 1-39。

海德汉系统五轴机床
程序编辑操作

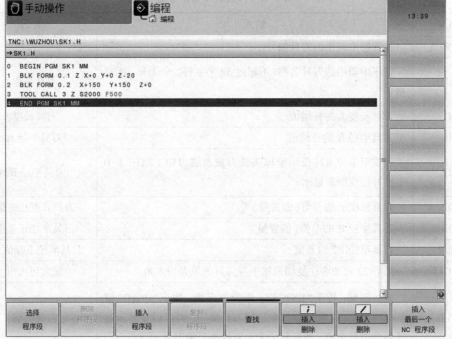

图 1-39 工作任务操作完成结果显示界面

项目二

轮廓编程应用

TNC 系统基本程序功能指令及循环功能是完成零件程序手动编制的基础。学生对案例零件编制轮廓加工程序，可以增强对海德汉系统编程过程及方法的认识和理解，熟悉常用程序功能的应用，为熟练掌握多轴数控编程打下基础。

任务一　编程基础及直线轮廓编程

 **任务描述**

通过本任务的学习，学生可以掌握 TNC 系统的常用编程指令、功能按键的含义，以及了解辅助指令的功能等内容，为后续相关知识的学习奠定基础。

任务目标

(1)掌握 TNC 系统编程的基本知识和常用指令用法。

(2)应用所学知识编写指定零件的加工程序。

相关知识点

一、TNC 系统数控程序的结构与格式

(一)程序的结构

TNC 系统数控程序由程序头、程序内容、程序结束和程序尾四部分组成，见表 2-1。

表 2-1　TNC 系统程序结构

程序段	说明	结构
0　BEGIN PGM ZCX MM	"BEGIN PGM"表示程序开始，"ZCX"为程序名，"MM"表示尺寸单位	程序头
1　BLK FORM 0.1 Z X-90 Y-90 Z-23	定义刀轴及毛坯最小点	程序内容
2　BLK FORM 0.2 X+90 Y+90 Z+0	毛坯最大点	
3　CYCL DEF 247 DATUM SETTING Q339=+1；DATUM NUMBER	设定原点	
4　TOOL CALL 3 Z S2000 F500	调用 3 号刀	
5　M13	主轴正转和冷却液打开	
6　L Z-5 R0 M91	直线插补，取消刀补，M91 机床坐标系	
7　L X+0 Y-120		
……………	……………	
29 STOP M30	程序结束指令	程序结束
30 END PGM ZCX MM	"END PGM"表示程序结束，"ZCX"为程序名，"MM"表示尺寸单位	程序尾

（二）程序段的组成

程序的每一行称为程序段，基本程序段格式示例及含义如下：

N L X+80 Y-20 RL F200 M13

（1）N：程序段号，程序段的编号，用正整数表示（编程时自动生成）。

（2）L：轨迹功能，并启动程序段编写（L 表示直线插补，C 表示圆弧插补）。

（3）X，Y：终点坐标。

（4）RL：刀具半径补偿（RL 表示刀具半径左补偿，RR 表示刀具半径右补偿，R0 表示取消刀具半径补偿）。

（5）F：进给速率，铣削常用单位为 mm/min。

（6）M：辅助功能。

二、TNC 系统编程基本指令

TNC 系统编程基本指令主要包括走刀指令与辅助功能指令，另外有 F（进给速率）、S（主轴转速）、T（刀具）、N（程序段号）及坐标指令。

（一）走刀指令

走刀指令用于描述刀具运动轨迹，在操作面板的编程指令区用轨迹功能键输入。轨迹功能键的功能及输入参数见表 2-2。

表 2-2　TNC 系统编程指令轨迹功能键的功能及输入参数

功能键	功能	输入参数
L	刀具直线运动	终点坐标
CC	定义圆弧圆心/极坐标极点	圆心/极点坐标
C	刀具圆弧运动(已知圆心)	圆弧终点坐标及走刀方向(顺/逆时针),要先定义圆心
CR	刀具圆弧运动(已知半径)	圆弧终点坐标、半径及走刀方向(顺/逆时针)
CT	刀具圆弧运动(已知起点为切点)	圆弧终点坐标
RND	倒圆角	倒圆角半径及刀具进给速率
CHF	倒角	倒角边长及刀具进给速率
APPR/DEP	刀具切入/切出(接近/离开)轮廓	取决于所选功能
FK	自由轮廓编程	已知信息

(二)常用辅助功能指令

TNC 系统的辅助功能主要用于控制程序的运行和控制机床功能,如控制主轴的启、停,冷却液的开、关,以及刀具的轮廓加工等。常用辅助功能指令及功能见表 2-3。

表 2-3　TNC 系统编程指令常用辅助功能指令及功能

指令	功能
M00	程序运行暂停,主轴停转,切削液关闭
M01	选择性程序暂停,与操作面板暂停键配合使用
M02	程序停止运行,主轴停转,切削液关闭,清除状态显示
M03	主轴正转
M04	主轴反转
M05	主轴停转

表 2-3（续）

指令	功能
M06	换刀，主轴停转，切削液关闭
M08	切削液打开
M09	切削液关闭
M13	主轴正转，切削液打开
M14	主轴反转，切削液打开
M30	程序结束并复位（光标返回程序头），主轴停转，切削液关闭，清除状态显示
M91	程序段中定位坐标值为机床坐标系值，单段有效

三、工件加工的刀具运动编程

按照顺序对各轮廓元素用路径编程功能编写程序，以创建零件程序。这种编程方法通常是基于工件图纸输入各轮廓元素终点的坐标。TNC 系统用这些坐标数据和刀具数据及半径补偿信息计算刀具的实际路径。根据各机床结构的不同，零件程序可能控制刀具移动或是移动固定工件的机床工作台。不管是刀具移动还是工作台移动，在路径编程时只需假定刀具运动而工件静止。

（一）沿机床轴平行运动

程序段中仅有一个坐标，刀具将沿平行于编程轴的方向移动。

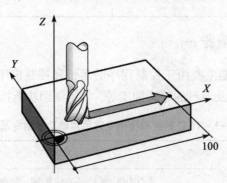

图 2-1　轴平行运动示意图

图 2-1 所示运动编程如下：

50　L　X+100　　　　刀具保持 Y 和 Z 轴坐标不动，X 轴坐标移至 $X=100$ 处

其中，"50"为程序段号，"L"表示直线运动，"X+100"表示终点坐标。

（二）在主平面上运动

程序段中有两个坐标，数控系统控制刀具在编程平面上移动。

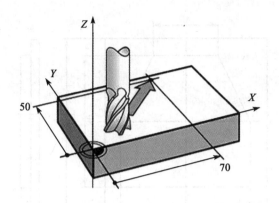

图 2-2 在主平面上运动示意图

图 2-2 所示运动编程如下：

L X+70 Y+50　　　　　刀具保持 Z 轴坐标不动，在 XY 平面上移至 $X=70$，$Y=50$ 处

（三）三维运动

程序段中有三个坐标，数控系统控制刀具在三维空间中移至编程位置。

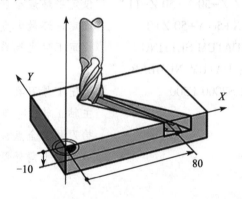

图 2-3 三维运动示意图

图 2-3 所示运动编程如下：

L X+80 Y+0 Z-10　　　　刀具进行 X，Y，Z 三轴坐标同时运动，三维空间移至 $X=80$，
　　　　　　　　　　　　$Y=0$，$Z=-10$ 处

🕸 **任务实践**

　　编写如图 2-4 所示的凸台轮廓的铣削程序，毛坯尺寸为 100 mm×100 mm×11 mm，设工件对称中心为工件坐标系原点。（只编写轮廓程序，不考虑余量去除和刀具半径。）

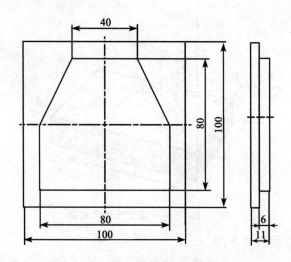

图 2-4 刀具直线轮廓示意图

参考程序如下：

0	BEGIN PGM SG214 MM	程序开始，程序名为"SG214"
1	BLK FORM 0.1 Z X−50 Y−50 Z−11	设定毛坯最小点
2	BLK FORM 0.2 X+50 Y+50 Z+0	设定毛坯最大点
3	CYCL DEF 247 DATUM SETTING	设定工件坐标系原点
	Q339＝+1 ; DATUM NUMBER	
4	TOOL CALL 1 Z S2000 F500	调用 1 号刀具
5	M13	主轴正转，冷却液打开
6	L Z−5 R0 M91	抬刀到安全点，机床坐标系为 Z−5
7	L X−40 Y−80	毛坯左下角外侧
8	L Z−6	下刀
9	L X−40 Y−50	
10	L X−40 Y+0	
11	L X−20 Y+40	
12	L X+20 Y+40	
13	L X+40 Y+0	
14	L X+40 Y−40	
15	L X−65 Y−40	切出轮廓
16	L Z+100	抬刀
17	STOP M30	程序结束
18	END PGM SG214 MM	程序尾

注意：以上程序没有考虑刀具半径补偿，按照上面的程序切削零件时，零件轮廓尺寸会小一个刀具直径。

任务二 倒圆角/倒角编程及刀具半径补偿

任务描述

倒圆角和倒角是轮廓编程时常用的简化编程指令。倒圆角和倒角功能减少或避免了基点计算，简化了程序编制。通过本任务的学习，学生可以掌握 RND, CHF 指令格式和编程用法，掌握刀具半径补偿的指令及输入过程。

任务目标

(1)掌握 TNC 系统 RND, CHF 简化编程指令的用法。
(2)掌握刀具半径补偿功能 RL, RR, R0。
(3)应用所学知识编写指定零件的加工程序。

相关知识点

一、倒圆角(RND)

"🔘"功能用于倒圆角，刀具沿圆弧运动，圆弧与前后轮廓元素相切，见图 2-5。用 RND 指令编程时，需输入圆弧半径(R)和进给速率(F)。

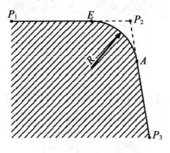

图 2-5 倒圆角示意图

(一)倒圆角编程格式

图 2-5 中，刀具由 P_1 点出发，相切进入 E 点和离开 A 点(E 点和 A 点均由系统自动计算)。倒圆角具体编程格式如下：

L X __ Y __	输入角起始边上的点 P_1 坐标
L X __ Y __	输入角顶点 P_2 坐标
RND R __ F __	输入倒圆角半径值及进给速率

L X __ Y __   输入角终边上的点 P_3 坐标

从上面的程序可知，只要知道两相交直线（圆弧、直线和圆弧）的交点坐标，就可以在直线轮廓之间、圆弧轮廓之间及直线轮廓和圆弧轮廓之间切入一圆弧，圆弧与轮廓进行切线过渡。编程时，注意在前后相接轮廓元素中，两个坐标必须位于倒圆角的加工面中。如果加工轮廓时无刀具半径补偿，必须编程加工面上的两坐标值。RND 程序段中的编程进给速率仅在 RND 程序段中有效，RND 程序段后，前一个进给速率将再次有效。

（二）倒圆角编程示例

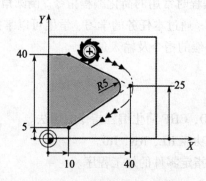

图 2-6　倒圆角编程示意图

图 2-6 所示操作编程如下：

…………

5 L X+10 Y+40 RL F200   输入角起始边上的点坐标

6 L X+40 Y+25   输入角顶点坐标

7 RND R5 F100   输入倒圆角半径值

8 L X+10 Y+5   输入角终边上的点坐标

…………

二、倒角（CHF）

"⌂" 功能用于切除两直线相交的角，见图 2-7。CHF 程序段前和段后的直线程序段必须与倒角在同一个加工面中，CHF 程序段前和段后的半径补偿必须相同。

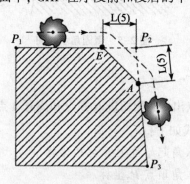

图 2-7　倒角示意图

（一）倒角编程格式

如图 2-7 所示，刀具由点 P_1 出发，经过 E 点和 A 点（E 点和 A 点均由系统自动计算），到达点 P_3。倒角具体编程格式如下：

L X __ Y __   输入角起始边起点 P_1 坐标

L X __ Y __   输入角顶点 P_2 坐标

CHF __ F __   输入倒角边长及进给速率

L X __ Y __   输入角终边上的点 P_3 坐标

轮廓不能从 CHF 程序段开始，CHF 程序段中的编程进给速率仅在该程序段有效。CHF 程序段后，前一个进给速率将再次有效。

（二）倒角编程示例

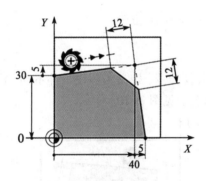

图 2-8　倒角编程示意图

图 2-8 所示操作编程如下：

…………

7　L X+0 Y+30 RL F200

8　L X+40 IY+5   输入角顶点，即轮廓线交点坐标

9　CHF 12 F250   输入倒角的边长

10 L IX+5 Y+0

…………

三、刀具半径补偿功能

在数控铣削加工零件轮廓时，由于受刀具半径尺寸影响，刀具的中心轨迹与零件轮廓不一致。为了避免计算刀具中心轨迹，使编程人员可以直接按照零件图样上的轮廓尺寸编程，海德汉数控系统提供了刀具半径补偿功能。在实际编程中，若以零件轮廓为编程轨迹，则在实际加工时会过切一个刀具半径，如图 2-9（a）所示。为了加工出满足要求的零件轮廓，刀具中心轨迹应该偏移零件轮廓表面一个刀具半径值，即进行刀具半径补偿，如图 2-9（b）所示。

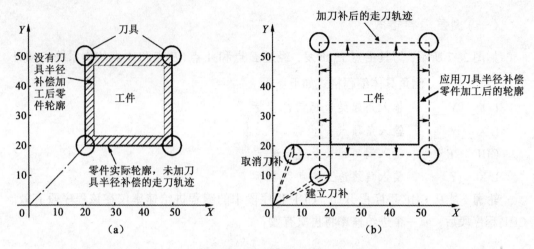

图 2-9　刀具半径补偿作用

（一）TNC 系统刀具半径补偿指令

1. RL 指令

RL 指令为刀具半径左补偿指令，定义为假设工件不动，沿刀具运动方向朝前看，刀具在零件左侧的刀具半径补偿，见图 2-10。

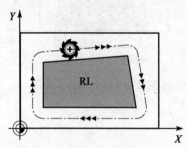

图 2-10　刀具半径左补偿示意图

2. RR 指令

RR 指令为刀具半径右补偿指令，定义为假设工件不动，沿刀具运动方向朝前看，刀具在零件右侧的刀具半径补偿，见图 2-11。

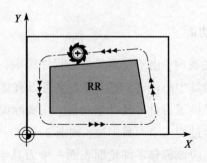

图 2-11　刀具半径右补偿示意图

3. R0 指令

R0 指令为取消刀具半径补偿指令。

（二）TNC 系统刀具半径补偿指令输入

用 TNC 系统编程时，若输入半径补偿，只能输入在 L 程序段中。输入完目标点位置坐标后按"⬆⬅⬇➡"中的"➡"键，编程界面下方出现" R0　RL　RR "，根据需要选择相应按键。刀具半径补偿输入界面如图 2-12 所示。

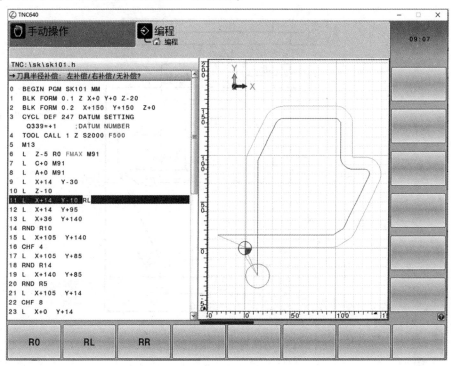

图 2-12　刀具半径补偿输入界面

在不同半径补偿（RR 和 RL）的两个程序段之间，必须至少编写一个无半径补偿（即用 R0）在加工面上运动的程序段。在用 RR/RL 启动有半径补偿或用 R0 取消半径补偿的第一个程序段中，TNC 系统总是将刀具定位在与编程起点或终点垂直的位置上。最后，应将刀具定位在距第一个轮廓点或最后一个轮廓点足够远的位置上，以防损坏轮廓。

🔅 **任务实践**

（1）海德汉系统五轴机床如何进行刀具安装及制裁？如何利用标刀测量刀长？（扫描二维码观看相关资源。）

海德汉系统五轴机床
刀库功能介绍（刀具安装及卸载）

海德汉系统五轴机床
利用标刀测刀长操作

（2）编写如图 2-13 所示的凸台轮廓的铣削程序，毛坯尺寸为 150 mm×150 mm× 20 mm，设左下角为工件坐标系原点。（不考虑余量去除。）

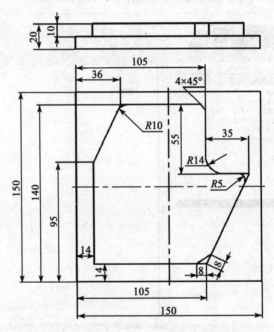

图 2-13 刀具倒圆角/倒角编程示意图

参考程序如下：

0	BEGIN PGM DYDB MM	程序开始，程序名为"DYDB"
1	BLK FORM 0.1 Z X+0 Y+0 Z-20	设定毛坯最小点
2	BLK FORM 0.2 X+150 Y+150 Z+0	设定毛坯最大点
3	CYCL DEF 247 DATUM SETTING	设定工件原点
	Q339＝+1 ; DATUM NUMBER	
4	TOOL CALL 1 Z S2000 F500	调用 1 号刀具
5	M13	主轴正转，冷却液打开
6	L Z-5 R0 FMAX M91	抬刀到安全点，机床坐标系为"Z-5"
7	L C+0 M91	C 轴回零
8	L A+0 M91	A 轴回零
9	L X+14 Y-30	工件外侧下刀点
10	L Z-10	下刀

11 L X+14 Y−10 RL   刀具半径左补偿

12 L X+14 Y+95

13 L X+36 Y+140   交点坐标

14 RND R10   在交点处倒圆角

15 L X+105 Y+140   交点坐标

16 CHF 4   在交点处倒角

17 L X+105 Y+85   点坐标

18 RND R14   在交点处倒圆角

19 L X+140 Y+85   交点坐标

20 RND R5   在交点处倒圆角

21 L X+105 Y+14   交点坐标

22 CHF 8   在交点处倒角

23 L X+0 Y+14

24 L X−30 R0   取消刀具半径补偿

25 L Z+50   抬刀

26 STOP M30   程序结束

27 END PGM DYDB MM   程序尾

任务三 切入/切出编程

任务描述

轮廓编程时,为了保证工件加工质量,刀具应尽量沿轮廓的切线方向接近或离开(切入或切出)轮廓,避免法向切入或切出。TNC 系统提供了刀具接近或离开工件轮廓的编程功能。通过本任务的学习,学生可以掌握切入和切出各四种方式的含义、格式及用法。

任务目标

(1)掌握 TNC 系统切入/切出指令的含义及用法。

(2)应用所学切入/切出知识,编写指定零件的加工程序。

相关知识点

一、切入/切出(接近/离开)轮廓基础知识

在普通数控系统中,下刀之后一般先激活刀具半径补偿功能,再切入轮廓,需两个

程序段完成这两个动作。而在 TNC 系统中，用一个程序段就可以完成激活刀具半径补偿功能及刀具切入轮廓两个动作。在 TNC 系统操作面板上，在编程路径运动功能键（见图2-14）中，按下"APPR/DEP"键就可以启用切入/切出轮廓的功能，其编程界面如图2-15所示。

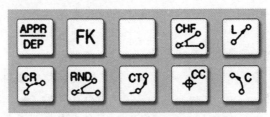

图 2-14 编程路径运动功能键示意图

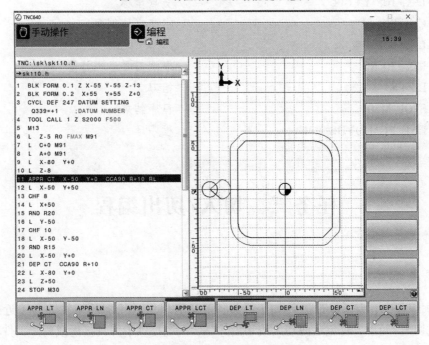

图 2-15 APPR/DEP 编程界面

在图2-15下方软键区选择合适的切入/切出方式。表2-4中列出了 TNC 系统提供的切入/切出轮廓的方式及含义，编程时应根据需要合理选用。

表 2-4 切入/切出轮廓的方式及含义

切入（接近）方式	切出（离开）方式	功能
APPR LT	DEP LT	相切直线
APPR LN	DEP LN	直线垂直于轮廓点

表 2-4(续)

切入(接近)方式	切出(离开)方式	功能
APPR CT	DEP CT	相切圆弧
APPR LCT	DEP LCT	相切轮廓的圆弧。沿切线接近和离开轮廓外的辅助点

应用"APPR/DEP"功能后，将产生两个动作，即刀具走直线激活刀具半径补偿功能，再走直线或圆弧切入轮廓。相切轮廓的圆弧方式的两段轨迹线为相切关系，其他方式的两段轨迹线为相交关系。切入/切出轮廓的功能软键中各字母代号含义见表 2-5。

表 2-5 切入/切出轮廓功能软键中各字母代号含义

字母代号	英文	含义	说明
APPR	approach	接近	切入轮廓
DEP	departure	离开	切出轮廓
L	line	线段	刀具沿进线运动
C	circle	圆弧	刀具沿圆弧运动
T	tangency	相切	切入/切出轨迹与轮廓相切，平滑过渡
N	normal	法向	切入/切出轨迹与轮廓垂直

二、切入(接近)工件轮廓编程

按照接近轮廓轨迹是线段还是圆弧，以及切入轨迹与工件第一个轮廓是相切还是垂直，将切入工件轮廓程序分为下列四种类型。

(一)沿相切直线接近(APPR LT)

首先，用任一路径功能接近起点 P_S，刀具由起点 P_S 沿直线移到辅助点 P_H。然后，沿相切于轮廓的直线移到第一个轮廓点 P_A。辅助点 P_H 与第一个轮廓点 P_A 的距离为 LEN。

APPR LT 编程步骤如下。

(1)确定起点 P_S(与轮廓的距离要大于 LEN)。

(2)用"APPR/DEP"键和软键"APPR LT"启动对话，如图 2-15 所示。

①输入第一个轮廓点 P_A 的坐标。

②输入切入线段的路径长度 LEN，即 $P_H P_A$ 线段的长度。

③确定半径补偿类型(RL 或 RR)。

④选取进给速率 F。

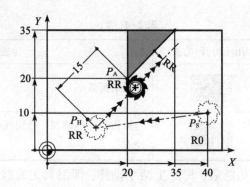

图 2-16　APPR LT 编程示意图

图 2-16 所示操作编程如下：

…………

7	L X+40 Y+10 R0 FMAX M3	无半径补偿接近起点 P_S
8	APPR LT X+20 Y+20 Z−10 LEN15 RR F100	轮廓切入点 P_A 坐标，半径补偿为 RR，P_H 至 P_A 的距离为 LEN = 15
9	L X+35 Y+35	第一个轮廓元素点坐标
10	L X ＿ Y ＿	下一个轮廓元素点坐标

（二）沿垂直于第一个轮廓点的直线接近（APPR LN）

首先，用任一路径功能接近起点 P_S，刀具由起点 P_S 沿直线移动到辅助点 P_H。然后，沿垂直于第一个轮廓元素的直线移到第一个轮廓点 P_A。辅助点 P_H 与第一个轮廓点 P_A 的距离为 LEN（必须用正值输入）加半径补偿。APPR LN 切入路径方式会影响工件接近点位置的表面质量，因此一般不采用。

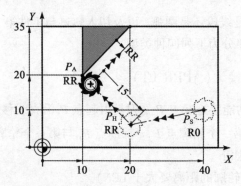

图 2-17　APPR LN 编程示意图

图 2-17 所示操作编程如下：

…………

7	L X+40 Y+10 R0 FMAX M3	无半径补偿接近起点 P_S
8	APPR LN X+10 Y+20 Z−10 LEN15 RR F100	轮廓切入点 P_A 坐标，半径补偿 RR，P_H 至 P_A 的距离为 LEN = 15

9　L X+20 Y+35	第一个轮廓元素点坐标
10 L X__ Y__	下一个轮廓元素点坐标

(三)沿相切圆弧路径接近(APPR CT)

首先,用任一路径功能接近起点 P_S,刀具由起点 P_S 沿直线移动到辅助点 P_H。然后沿相切于第一个轮廓元素的圆弧移到第一个轮廓点 P_A。P_H 到 P_A 的圆弧由半径 R 和圆心角 CCA 决定。圆弧旋转方向由第一个轮廓元素的刀具路径自动计算得到。

APPR CT 编程步骤如下。

(1)确定起点 P_S(与轮廓距离要大于 R)。

(2)用"APPR/DEP"键和软键"APPR CT"启动对话。

①输入第一个轮廓起点 P_A 坐标。

②输入圆弧半径 R。

③输入圆弧的圆心角 CCA (CCA 为正值且不大于360°)。

④确定半径补偿类型(RL 或 RR)。

⑤确定进给速率 F。

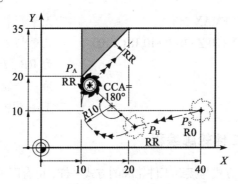

图 2-18　APPR CT 编程示意图

图 2-18 所示操作编程如下:
…………

7	L X+40 Y+10 R0 FMAX M3	无半径补偿接近起点 P_S
8	APPR CT X+10 Y+20 Z-10 CCA180 R+10 RR F100	轮廓切入点 P_A 坐标,半径补偿为 RR,P_H 至 P_A 的圆弧半径为 $R10$
9	L X+20 Y+35	第一个轮廓元素点坐标
10	L X__ Y__	下一个轮廓元素点坐标

程序段8中圆弧半径 R 有正负之分,确定方法为:若刀具沿半径补偿的方向接近工件,则 R 取正值;若刀具沿半径补偿相反的方向接近工件,则 R 取负值。

(四)由直线沿相切圆弧接近(APPR LCT)

首先,用任一路径功能接近起点 P_S,刀具由起点 P_S 沿直线移到辅助点 P_H。然后,沿圆弧移至第一个轮廓点 P_A。若在接近程序段中编程了全部三个基本轴 X, Y, Z 坐标，则 TNC 系统从 APPR 程序段前定义的位置同时沿全部三个轴移动至辅助点 P_H，再在加工面上从 P_H 移动至 P_A。圆弧相切连接线段 P_S 至 P_H 和第一个轮廓元素。一旦确定了这些线段，只需要用半径就能定义刀具路径。

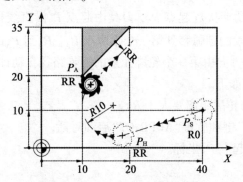

图 2-19 APPR LCT 编程示例

图 2-19 所示操作编程如下：

………

7	L X+40 Y+10 R0 FMAX M3	无半径补偿接近起点 P_S
8	APPR LCT X+10 Y+20 Z-10 R+10 RR F100	轮廓切入点 P_A 坐标，半径补偿为 RR，P_H 至 P_A 圆弧半径为 $R10$
9	L X+20 Y+35	第一个轮廓元素点坐标
10	L X __ Y __	下一个轮廓元素点坐标

三、切出（离开）工件轮廓编程

刀具离开工件轮廓的方式与接近工件轮廓的方式一样，也有四种，见表2-4。与切入方式不同的是，离开工件轮廓的 DEP 程序段将自动取消刀具补偿功能，不需要再写 $R0$。

（一）沿相切直线离开（DEP LT）

刀具沿直线由最后一个轮廓点 P_E 移动至终点 P_N。直线在最后一个轮廓元素的延长线上。P_N 与 P_E 间的距离为 LEN。用终点 P_E 和半径补偿编写最后一个轮廓元素程序。

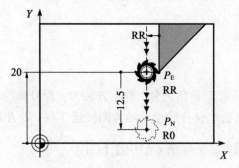

图 2-20 DEP LT 编程示意图

图 2-20 所示操作编程如下:

…………

33　L Y+20 RR F100	最后一个轮廓元素 P_E 坐标,半径补偿
34　DEP LT LEN12.5 F100	离开轮廓,点 P_E 与点 P_N 距离为 LEN = 12.5
35　L Z+100 FMAX	沿 Z 轴退刀

…………

(二)沿垂直于最后一个轮廓点的直线离开(DEP LN)

刀具沿直线由最后一个轮廓点 P_E 移动至终点 P_N。沿垂直于最后一个轮廓点 P_E 的直线路径离开。P_N 与 P_E 间的距离为 LEN 加刀具半径。用终点 P_E 和半径补偿编写最后一个轮廓元素程序。

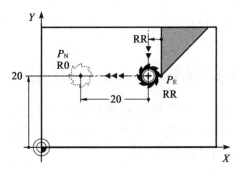

图 2-21　DEP LN 编程示意图

图 2-21 所示操作编程如下:

…………

33　L Y+20 RR F100	最后一个轮廓元素 P_E 坐标,半径补偿
34　DEP LN LEN20 F100	垂直离开轮廓,点 P_E 与点 P_N 距离为 LEN = 20
35　L Z+100 FMAX	沿 Z 轴退刀

…………

(三)沿相切圆弧路径离开(DEP CT)

刀具沿直线由最后一个轮廓点 P_E 移动至终点 P_N。圆弧与最后一个轮廓元素相切。用终点 P_E 和半径补偿编写最后一个轮廓元素程序。以 DEP CT 的方式切出工件轮廓时,不需要确定终点 P_N 坐标。

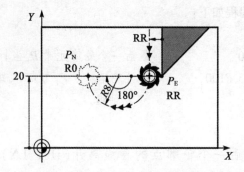

图 2-22　DEP CT 编程示意图

图 2-22 所示操作编程如下：

…………

33 L Y+20 RR F100 　　　　　　　最后一个轮廓元素 P_E 坐标，半径补偿

34 DEP CT CCA180 R8 F100 　　　相切离开轮廓，圆心角为 180°，圆弧半径为 8

35 L Z+100 FMAX 　　　　　　　　沿 Z 轴退刀

（四）沿相切轮廓和直线的圆弧路径离开(DEP LCT)

首先，刀具沿圆弧由最后一个轮廓点 P_E 向辅助点 P_H 运动。然后沿直线移动至终点 P_N。圆弧相切连接最后一个轮廓元素和 P_H 至 P_N 间的线段。圆弧只由半径决定。用终点 P_E 和半径补偿编写最后一个轮廓元素程序。

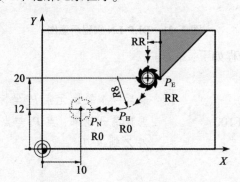

图 2-23　DEP LCT 编程示意图

图 2-23 所示操作编程程序如下：

…………

33 L Y+20 RR F100 　　　　　　　　最后一个轮廓元素 P_E 坐标，半径补偿

34 DEP LCT X+10 Y+12 R+8 F100 　相切离开轮廓到 P_H，P_H 是切点，圆弧半径为 8

35 L Z+100 FMAX 　　　　　　　　　沿 Z 轴退刀

四、切入／切出相关说明

（一）接近与离开螺旋线

用 APPR CT 和 DEP CT 功能编程螺旋线接近和离开，则刀具沿与轮廓相切的圆弧运

动，在其延伸线上接近和离开螺旋线。

（二）极坐标接近与离开编程

用极坐标指令编写接近与离开功能的程序格式如下：
（1）APPR LT 变为 APPR PLT；
（2）APPR LN 变为 APPR PLN；
（3）APPR CT 变为 APPR PCT；
（4）APPR LCT 变为 APPR PLCT；
（5）DEP LCT 变为 DEP PLCT。
编程时，用软键选择接近或离开功能，然后按下橙色" P "键。

（三）接近与离开时半径补偿的注意事项

刀具半径补偿与 APPR 程序段中的第一个轮廓点 P_A 一起编程。DEP 程序段将自动取消刀具半径补偿。如果编程的 APPR LN 或 APPR CT 程序段中有 R0，那么系统停止加工/仿真并显示出错信息。这个功能的方法与 iTNC 530 系统不同。

（四）切入点与切出点

一般起点与终点取同一个点，即切入点与切出点取同一个点，并且此点在轮廓上。切入点与切出点尽量选择方便进刀的位置，以便于计算和简化编程的位置。

编写如图 2-24 所示的凸台轮廓的铣削程序，毛坯尺寸为 110 mm×110 mm×13 mm。选择 A 点作为切入点，应用 APPR CT 功能和 DEP CT 功能进行切入和切出。（不考虑余量去除。）

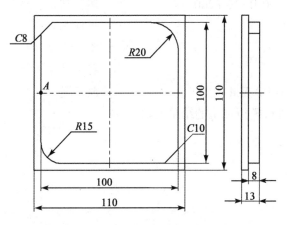

图 2-24　APPR/DEF 编程示意图

参考程序如下：

0	BEGIN PGM APPR MM	程序开始，程序名为"APPR"
1	BLK FORM 0.1 Z X−55 Y−55 Z−13	设定毛坯最小点
2	BLK FORM 0.2 X+55 Y+55 Z+0	设定毛坯最大点
3	CYCL DEF 247 DATUM SETTING	设定工件原点
	Q339＝+1　　　 ; DATUM NUMBER	
4	TOOL CALL 1 Z S2000 F500	调用 1 号刀具
5	M13	主轴正转，冷却液打开
6	L Z−5 R0 FMAX M91	抬刀到安全点，机床坐标系为 Z−5
7	L C+0 M91	C 轴回零
8	L A+0 M91	A 轴回零
9	L X−80 Y+0	切入起点（与轮廓的距离大于 11 条程序中的"R10"）
10	L Z−8	下刀
11	APPR CT X−50 Y+0 CCA90 R+10 RL	圆弧切入，轮廓起点为 A 点坐标
12	L X−50 Y+50	
13	CHF 8	
14	L X+50	
15	RND R20	
16	L Y−50	
17	CHF 10	
18	L X−50 Y−50	
19	RND R15	
20	L X−50 Y+0	轮廓终点为 A 点坐标
21	DEP CT CCA90 R+10 F200	圆弧切出，并取消刀具半径补偿
22	L X−80 Y+0	返回起点
23	L Z+50	Z 向抬刀
24	STOP M30	程序结束
25	END PGM APPR MM	程序尾

应用模拟软件进行模拟加工的结果见图 2−25。

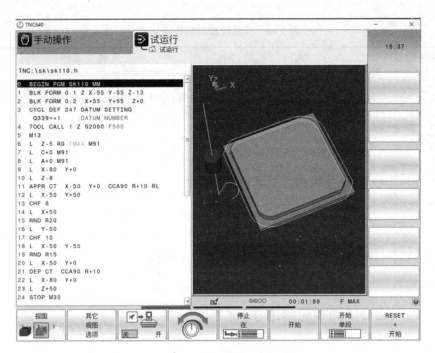

图 2-25 模拟加工结果

任务四 圆弧轮廓编程

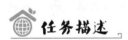 **任务描述**

圆弧轮廓是零件的基本轮廓元素,选择合适的圆弧轮廓编程方法有利于提高编程效率。通过本任务的学习,学生可以掌握三种刀具铣削圆弧轮廓的编程格式及用法。

任务目标

(1)掌握 TNC 系统圆弧编程指令(CC,C,CR,CT 指令)的含义及用法。
(2)应用所学圆弧编程知识编写指定零件的加工程序。

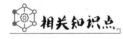 **相关知识点**

一、圆弧轮廓编程基础知识

TNC 系统提供了三种圆弧轮廓的编程方式,分别是已知圆心的圆弧轮廓、已知半径的圆弧轮廓和已知与前一个轮廓元素相切的圆弧轮廓。圆弧轮廓编程时用到的四个按键的具体功能见表 2-6。

表 2-6   圆弧轮廓编程按键功能

功能键	功能	输入参数
CC	定义圆弧圆心/极坐标极点	圆心/极点坐标
C	刀具圆弧运动（已知圆心）	圆弧终点坐标及走刀方向（顺/逆时针），需先定义圆心
CR	刀具圆弧运动（已知半径）	圆弧终点坐标、半径及走刀方向（顺/逆时针）
CT	刀具圆弧运动（已知起点相切）	圆弧终点坐标

二、已知圆心的圆弧轮廓编程

（一）"CC+C"形式圆弧编程格式

CC X __ Y __   输入圆弧轮廓的圆心坐标
C X __ Y __ DR±   输入圆弧轮廓的终点坐标，走刀方向

1. CC 指令用法

CC 指令用来定义编程圆弧的圆心（见图 2-26），在圆心定义的程序段中，刀具不产生运动。输入圆弧轮廓的圆心坐标时，可用绝对坐标、相对坐标及模态默认三种方式进行输入。

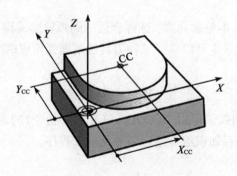

图 2-26   CC 定义圆心示意图

CC 输入圆心坐标的三种方式如下：

（1）CC X __ Y __   相对工件坐标系原点的绝对坐标值
（2）CC IX __ IY __   相对最后一个编程位置的相对坐标值
（3）CC   模态默认，使用最后一个编程位置作为圆心，不必输入任何坐标

2. C 指令用法

C 指令用来定义编程圆弧的终点坐标，编程格式如下：

C X ＿ Y ＿ DR±

其中，*X*，*Y* 为圆弧终点坐标值；DR 为刀具加工圆弧的运动旋转方向，刀具顺时针旋转运动时 DR 为负，刀具逆时针旋转运动时 DR 为正，见图 2-27。

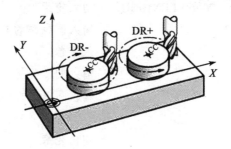

图 2-27　DR±判定示意图

（二）"CC+C"形式圆弧编程示例

用"CC+C"形式编写圆弧加工程序时，加工圆弧前刀具要位于圆弧起点处，并且必须先用 CC 指令定义好圆心位置，编程时不需要输入圆弧半径。

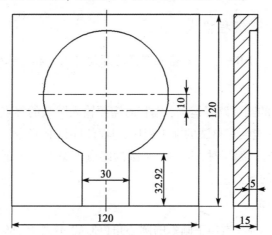

图 2-28　"CC+C"形式编程示意图

编写图 2-28 所示型腔的加工程序，毛坯尺寸为 120 mm×120 mm×15 mm。选择工件对称中心为编程原点。程序如下：

0　BEGIN PGM SK101 MM

1　BLK FORM 0.1 Z X−60 Y−60 Z−15

2　BLK FORM 0.2 X+60 Y+60 Z+0

3　CYCL DEF 247 DATUM SETTING

　　Q339＝+1　　　　　　　; DATUM NUMBER

4　TOOL CALL 1 Z S2000 F500

5　M13

6　L Z−5 R0 FMAX M91

7　L A+0 C+0 M91　　　　　　　　A 轴、C 轴复位

8　L X+15 Y−80　　　　　　　　　移动到工件外侧

9　L Z−5　　　　　　　　　　　　Z 轴下刀

10　APPR LT　X+15　Y−60 LEN10 RL　切入轮廓

11　L X+15 IY+32.92　　　　　　　输入圆轮廓的起点坐标，增量值方式输入 Y 值

12　CC X+0 Y+10　　　　　　　　　输入圆心坐标

13　C X−15 DR+　　　　　　　　　输入圆轮廓的终点坐标，逆时针走刀方向

14　L Y−60

15　DEP LT LEN10　　　　　　　　切出轮廓

16　L Z+50　　　　　　　　　　　Z 轴抬刀

17　STOP M30

18　END PGM SK101 MM

三、已知半径的圆弧轮廓编程

（一）CR 形式圆弧编程格式

CR X ＿ Y ＿ R±＿ DR±　　　　输入圆弧轮廓的终点坐标、半径和走刀方向

1. CR 指令用法

刀具沿半径为 R 的圆弧路径运动，编程时需要输入圆弧的终点坐标、半径和走刀方向。虽然用 CR 指令不能编写整圆的加工程序，但可以用 CR 指令编写两个半圆的方式进行整圆的加工程序编写。编写时，第一个半圆的终点即第二个半圆的起点，第二个半圆的终点即第一个半圆的起点。

2. R± 与 DR± 的判定

R 为圆弧轮廓的半径，当加工圆弧的圆心角（CCA）不大于 180° 时，R 取正值，如图 2-29 所示。当加工圆弧的圆心角大于 180° 时，R 取负值，如图 2-30 所示。DR 为刀具加工圆弧的运动旋转方向，见图 2-27。

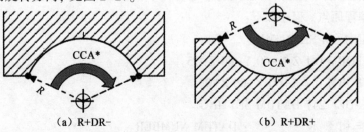

(a) R+DR−　　　　　　　　　　　　(b) R+DR+

图 2-29　圆心角不大于 180° 时 R+ 与 DR± 判定

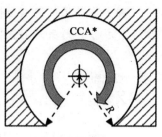 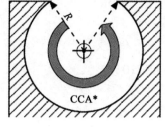

（a）R–DR–ㅤㅤㅤㅤㅤ（b）R–DR+

图 2-30ㅤ圆心角大于 180°时 R–与 DR±的判定

（二）CR 形式圆弧编程示例

编写图 2-31 所示型腔的加工程序，毛坯尺寸为 120 mm×120 mm×15 mm。选择工件对称中心为编程原点。

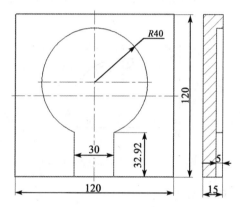

图 2-31ㅤCR 形式编程示意图

参考程序如下：

```
0    BEGIN PGM SK101 MM
1    BLK FORM 0.1 Z X-60 Y-60 Z-15
2    BLK FORM 0.2 X+60 Y+60 Z+0
3    CYCL DEF 247 DATUM SETTING
     Q339=+1       ; DATUM NUMBER
4    TOOL CALL 1 Z S2000 F500
5    M13
6    L Z-5 R0 FMAX M91
7    L A+0 C+0 M91
8    L X+15 Y-80
9    L Z-5
10   APPR LT X+15 Y-60 LEN10 RL
11   L X+15 IY+32.92
```

7　L A+0 C+0 M91ㅤㅤㅤㅤㅤ*A* 轴、*C* 轴复位

8　L X+15 Y-80ㅤㅤㅤㅤㅤㅤ移动到工件外侧

9　L Z-5ㅤㅤㅤㅤㅤㅤㅤㅤㅤㅤ*Z* 轴下刀

10　APPR LT X+15 Y-60 LEN10 RLㅤ切入轮廓

11　L X+15 IY+32.92ㅤㅤㅤㅤㅤ输入圆轮廓的起点坐标，增量值方式
ㅤㅤㅤㅤㅤㅤㅤㅤㅤㅤㅤㅤㅤㅤㅤ输入 *Y* 值

12 CR X-15 R-40 DR+	输入圆轮廓的终点坐标，圆弧半径（负），逆时针走刀方向
13 L Y-60	
14 DEP LT LEN10	切出轮廓
15 L Z+50	Z 轴抬刀
16 STOP M30	
17 END PGM SK101 MM	

四、已知与前一个轮廓元素相切的圆弧轮廓编程

相切圆弧轮廓指与前一个轮廓元素有相切关系的圆弧轮廓，该轮廓的圆弧起点为切点。如图 2-32 所示，圆弧轮廓的起点 P_2 为切点，则 P_2P_3 为相切圆弧轮廓。相切圆弧轮廓的编程比较简单，按"CT"键启动相切圆弧轮廓编程，再输入圆弧轮廓的终点坐标即可。

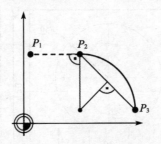

图 2-32　CT 形式编程示意图

（一）CT 形式圆弧编程格式

CT X __ Y __　　输入圆弧轮廓的终点坐标

编程时，与圆弧相切的轮廓元素的程序段必须紧接在 CT 程序段前的程序段中，且至少需要两个定位程序段。

（二）CT 形式圆弧编程示例

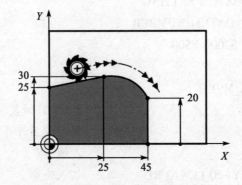

图 2-33　CT 形式圆弧编程示意图

如图 2-33 所示，相切圆弧轮廓的编程如下：

…………

17　L X+0 Y+25

18　L X+25 Y+30　　　　　　　输入圆弧轮廓起点，即切点坐标

19　CT X+45 Y+20　　　　　　　输入圆弧轮廓终点坐标

20　L Y+0

…………

任务实践

一、工作任务 1

编写如图 2-34 所示的凸台轮廓的铣削程序（ϕ50 内凹槽程序不编写），毛坯尺寸为 150 mm×150 mm×11 mm。设左下角为工件坐标系原点。（不考虑余量去除。）

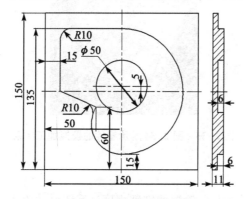

图 2-34　圆弧轮廓编程工作任务 1 图

参考程序如下：

```
0    BEGIN PGM ZCX MM
1    BLK FORM 0.1 Z X+0 Y+0 Z-11
2    BLK FORM 0.2 X+150 Y+150 Z+0
3    CYCL DEF 247 DATUM SETTING
     Q339=+1                    ; DATUM NUMBER
4    TOOL CALL 1 Z S2000 F500
5    M13
6    L Z-5 R0 M91
7    L A+0 C+0 M91
8    L X+15 Y-25
9    L Z-6
10   APPR LT X+15 Y+75 LEN80 RL
11   L X+15 Y+135
```

12 RND R10

13 L X+75 Y+135

14 CT X+75 Y+15   起点相切的圆弧轮廓

15 CT X+50 Y+60   起点相切的圆弧轮廓

16 RND R10   圆弧过渡

17 L X+15 Y+75

18 DEP LT LEN30   沿着延长线切出

19 L Z+50

20 STOP M30

21 END PGM ZCX MM

图2-34所示零件的模拟加工结果见图2-35。

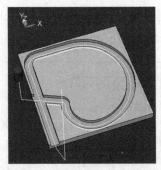

图2-35　图2-34所示零件的模拟加工结果

二、工作任务2

编写如图2-36所示的凸台轮廓的铣削程序，毛坯尺寸为150 mm×150 mm×15 mm。设左下角为工件坐标系原点。（不考虑余量去除。）

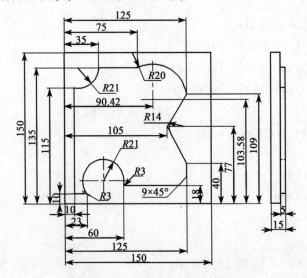

图2-36　圆弧轮廓编程工作任务2图

参考程序如下：

0　BEGIN PGM Y2H MM

1　BLK FORM 0.1 Z X+0 Y+0 Z-15

2　BLK FORM 0.2 X+150 Y+150 Z+0

3　CYCL DEF 247 DATUM SETTING

　　Q339=+1　　　; DATUM NUMBER

4　TOOL CALL 1 Z S3000 F500

5　M13

6　L Z-5 R0 FMAX M91

7　L A+0 C+0 FMAX M91

8　L X-50 Y+75

9　L Z-5

10　APPR CT X+10 Y+75 CCA90 R+15 RL F200

11　L X+10 Y+115

12　CR X+35 Y+135 R+21 DR+ F200　　　　　　　圆弧终点坐标，圆心角小于180°,逆时针走刀

13　L X+75 Y+135

14　RND R20

15　CC X+90.42 Y+103.58　　　　　　　　定义圆心

16　C X+125 Y+109 DR-　　　　　　　　圆心角大于180°

17　L X+105 Y+77

18　RND R14

19　L X+125 Y+40

20　L Y+18

21　CHF 9

22　L X+60

23　RND R3

24　CR X+23 Y+10 R-21 DR+　　　　　　　圆弧终点坐标，圆心角大于180°，逆时针走刀

25　RND R3

26　L X+10 Y+10

27　L X+10 Y+75

28　DEP CT CCA90 R+15

29　L X-50 Y+75

30　L Z+50

31　STOP M30

32　END PGM Y2H MM

任务五　极坐标编程

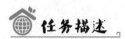

通常情况下，零件图纸用右手笛卡儿直角坐标标注尺寸，如果零件有圆弧或角度，一般用极坐标标注尺寸更方便。根据零件图标注的不同，选择合适的编程方法，可以简化编程。本任务应用极坐标功能编写直线和圆弧轮廓，通过本任务的学习，学生可以掌握极坐标编程的格式及用法。

任务目标

（1）掌握 TNC 系统极坐标指令编程格式及用法。
（2）应用所学极坐标知识编写指定零件的加工程序。

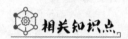

一、极坐标基础知识

直角坐标 X，Y，Z 轴可以描述空间中的点，极坐标可以描述平面上的点。编程时，通过角度 PA 与长度 PR 确定点的坐标位置，同时极坐标编程时必须用"⌀"键先定义极点，如图 2-37 所示。

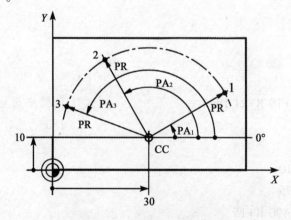

图 2-37　极坐标应用示意图

极点可用三个平面中一个平面的两个笛卡儿坐标定义。这些坐标也确定了极角 PA 的参考轴。海德汉 TNC 系统中规定：在 *XOY* 平面，角度参考轴是 *X* 轴；在 *YOZ* 平面，角度参考轴是 *Y* 轴；在 *ZOX* 平面，角度参考轴是 *Z* 轴，如图 2-38 所示。

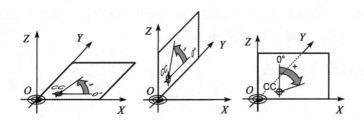

图2-38 极坐标角度参考轴

极坐标半径(PR)：输入极点 CC 至直线终点的距离。

极坐标极角(PA)：直线终点的角度位置，在-360°~360°。

PA 的代数符号取决于角度参考轴的方向：由角度参考轴到 PR 的夹角为逆时针的，PA 符号为正；由角度参考轴到 PR 的夹角为顺时针的，PA 符号为负。

二、极坐标编程功能键

极坐标编程时，先按照刀具轨迹键选择刀具路径，再按"P"键启动极坐标输入。极坐标编程功能键的说明见表2-7。

表2-7 极坐标编程功能键

键	功能	输入	显示或提示
CC	定义极点	极点坐标	X，Y
L P	直线路径	极径/极角(终点坐标)	PR，PA
C P	以圆心/极点为圆心至圆弧终点的圆弧路径	极角/圆弧方向	PA，DR
CT P	相切连接前一个轮廓的圆弧路径	极径/极角(终点坐标)	PR，PA
C P	螺旋线插补	极径/极角(终点坐标)	IPA，DR

三、极点定义

编程时，必须在有极坐标程序段前面的任何位置定义极点，只要按"CC"键，输入极点的坐标即可。设置极点的方法与设置圆心的方法相同。

极点坐标的输入方式有以下三种。

(1)绝对方式：CC X __ Y __(X，Y为直角坐标系中极点的直角坐标)。

(2)增量方式：CC IX __ IY __(用相对于前一路径终点的增量坐标来定义极点)。

(3)模态方式：CC(前一路径的终点位置为极点)。

值得注意的是，定义极点 CC 只能在直角坐标中。定义极点编程不会使刀具产生运动。定义新极点之前，原极点 CC 始终有效。

四、极坐标编程的方法

（一）直线运动（LP）

1. 编程步骤

刀具沿直线由当前位置移动至直线的终点。起点为前一程序段的终点。用极坐标进行直线运动编程的步骤如下：

（1）按"<kbd>I^{cc}</kbd>"键，输入极点坐标，定义极点；

（2）按"<kbd>↗</kbd>"键，选择直线路径功能；

（3）按"<kbd>P</kbd>"键，启动极坐标输入，按照提示输入极径 PR 与极角 PA。

2. 编程示例

如图 2-39 所示，用极坐标直线运动编写的程序如下：
…………
12 CC X+45 Y+25
13 LP PR+30 PA+0 RR F300 M3
14 LP PA+60
15 LP IPA+60
16 LP PA+180
…………

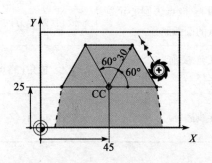

图 2-39 极坐标直线运动编程示意图

（二）以极点 CC 为圆心的圆弧路径（CP）

1. 编程步骤

刀具做圆弧运动，且已知圆弧的半径，用极坐标编程时，通常定义圆弧的圆心为极点。极坐标半径（PR）也是圆弧的半径。PR 由起点至极点 CC 的距离确定。最后一个编程刀具位置为圆弧的起点。用极坐标圆弧编程步骤如下：

（1）按"$\boxed{\text{CC}}$"键，输入极点坐标，定义极点；

（2）按"$\boxed{\curvearrowright}$"键，选择圆弧路径功能；

（3）按"$\boxed{P}$"键，启动极坐标输入，按照提示输入极角 PA，输入圆弧走刀方向 DR。

值得注意的是，对圆弧轮廓用极坐标编程时，虽然已知半径，但是启用的路径功能键为"$\boxed{\curvearrowright}$"，不是已知半径的路径功能键"$\boxed{\text{CR}}$"。

2. 编程示例

如图 2-40 所示，用极坐标圆弧编写的程序如下：

....

18 CC X+25 Y+25

19 LP PR+20 PA+0 RR F250 M3

20 CP PA+180 DR+

....

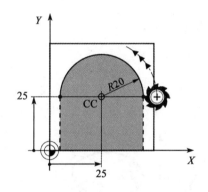

图 2-40　极坐标圆弧编程示意图

（三）相切连接的圆（CTP）

1. 编程步骤

刀具沿圆弧轨迹进行运动，由前一个轮廓元素相切过渡。CTP 编程时，极点不是轮廓圆弧的圆心。用极坐标进行相切圆弧路径编程的步骤如下：

（1）按"$\boxed{\text{CC}}$"键，输入极点坐标，定义极点；

（2）按"$\boxed{\curvearrowright}$"键，选择相切圆弧路径功能；

（3）按"$\boxed{P}$"键，启动极坐标输入，按照提示输入极径 PR 和极角 PA。

2. 编程示例

如图 2-41 所示，用极坐标相切圆弧编写的编序如下：

....

12 CC X+40 Y+35

13 L X+0 Y+35 RL F250 M3

14 LP PR+25 PA+120

15 CTP PR+30 PA+30

16 L Y+0

．．．．．．．．．．．

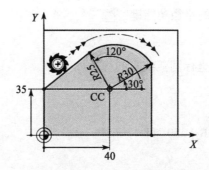

图 2-41　极坐标相切圆弧编程示意图

（四）极坐标螺旋线编程

1. 编程步骤

螺旋线是主平面上的圆弧运动与垂直于主平面的线性运动的复合运动。螺旋线编程主要应用于加工大直径内螺纹、外螺纹和润滑槽等，见图 2-42。

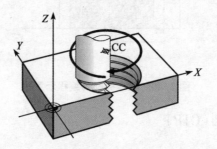

图 2-42　极坐标螺旋线编程示意图

用极坐标进行螺旋线编程的步骤如下：

（1）按"⌀cc"键，输入极点坐标，定义极点；

（2）按"⌒"键，选择圆弧路径功能；

（3）按"P"键，启动极坐标输入，按照提示用增量尺寸输入刀具沿螺旋线移动的总角度 IPA，输入旋转方向 DR（顺时针螺旋线为 DR-，逆时针螺旋线为 DR+）；

（4）按轴选择键（一般为 Z 轴）指定刀具轴，以增量尺寸输入螺旋线高度的坐标。

2. 螺旋线编程相关说明

（1）计算螺旋线。

要编程螺旋线，必须用增量尺寸输入刀具运动的总角度及螺旋线的总高度。

①螺纹扣数(n)= 螺纹圈数 + 螺纹起点和终点的空螺纹数。

②总高(h)= 螺距(P)×螺纹扣数(n)。

③增量总角度(IPA)= 螺纹扣数(n)×360°+螺纹起始角+空螺纹角。

④起点坐标 Z：螺距(P)的倍数×(螺纹扣数+螺纹起点的空螺纹数)。

(2)螺旋线旋向。

由加工方向、旋转方向及半径补偿确定的螺旋线旋向如表 2-8 所列。

表 2-8　螺旋线加工螺纹相关参数

内螺纹	加工方向	旋转方向	半径补偿
右旋	Z+	DR+	RL
左旋		DR−	RR
右旋	Z−	DR−	RR
左旋		DR+	RL
外螺纹	加工方向	旋转方向	半径补偿
右旋	Z+	DR+	RR
左旋		DR−	RL
右旋	Z−	DR−	RL
左旋		DR+	RR

3. 编程示例

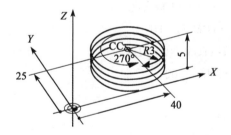

图 2-43　极坐标螺旋线编程示意图

图 2-43 所示 5 扣、M6×1 mm 螺纹的加工程序如下：

…………

12　CC X+40 Y+25

13　L Z+0 F100 M3

14　LP PR+3 PA+270 RL F50

15　CP IPA−1800 IZ+5 DR

…………

任务实践

应用极坐标指令功能，编写如图 2-44 所示的凸台轮廓的铣削程序，毛坯尺寸为 100 mm×100 mm×15 mm。设左下角为工件坐标系原点。（不考虑余量去除。）

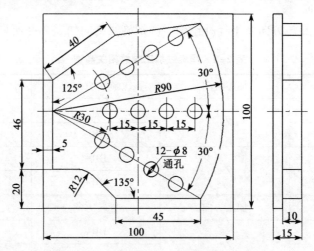

图 2-44 极坐标工作任务编程示意图

参考程序如下：

```
0   BEGIN PGM XZK MM
1   BLK FORM 0.1 Z X+0 Y+0 Z-15
2   BLK FORM 0.2 X+100 Y+100 Z+0
3   CYCL DEF 247 DATUM SETTING
    Q339=+1        ; DATUM NUMBER
4   TOOL CALL 1 Z S2000 F500
5   M13
6   L Z-5 R0 FMAX M91
7   L X+0 Y+0 R0 FMAX M91
8   L C+0 A+0 M91
9   L X-50 Y+50
10  L Z-10
11  APPR CT X+5 Y+50 CCA90 R+20 RL F300
12  L X+5 Y+66
13  CC                              定义当前点为极点
14  LP PR+40 PA+35                  极坐标直线，长度40，角度35°
15  CC X+5 Y+50                     定义圆弧 R90 的极点
16  LP PR+90 PA+30                  R90 圆弧的起点
17  CP PA-30 DR-                    R90 圆弧的终点
```

18　L IX-45
19　L IX-15 IY+15　　　　　　　　　　　　　增量坐标移 135°
20　L X+5
21　L Y+50
22　DEP CT CCA90 R+20
23　L X-50 Y+50
24　M30
25　END PGM XZK MM

任务六　FK 自由轮廓编程

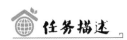

任务描述

在轮廓编程时，经常会出现轮廓的基点坐标计算较难，但轮廓容易通过几何画图方法得到的情况。应用 FK 自由轮廓编程(以下简称"FK 编程")功能，可以对零件图尺寸标注方式不符合数控编程要求的零件进行编程。本任务应用 FK 编程功能编写尺寸坐标数据不完善的零件轮廓加工程序。通过本任务的学习，学生可以掌握 FK 编程的格式及基本方法。

任务目标

(1)掌握 TNC 系统 FK 指令编程格式、步骤及相关注意事项。
(2)应用所学 FK 编程知识编写指定零件的加工程序。

相关知识点

一、FK 编程基础

(一)FK 基础知识

用 FK 自由轮廓编程功能可以直接输入以下尺寸数据：
(1)已知轮廓元素的坐标或近似坐标数据；
(2)坐标数据为相对另一个轮廓元素的数据；
(3)方向数据及有关轮廓走向的数据。
TNC 系统利用已知坐标数据推导轮廓，并允许用对话方式在交互 FK 编程图形支持下编程。图 2-45 中，基点 A，B，C，D，E 的坐标计算较难，直接按照轮廓编程较困难，但轮廓线可以较方便地通过"作图"指令绘出。这样的图形轮廓用 FK 编程功能可以简化程序的编制。

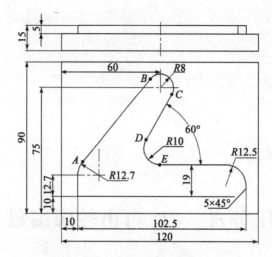

图 2-45　适合用 FK 编程的图形

（二）FK 编程基本设置

FK 编程是根据零件图形轮廓，运用系统的"作图"指令，直接绘出零件轮廓的对话式编程。因此，应用 FK 编程功能时，一般使用系统的交互编程图形支持功能。在数控系统显示器上按"分屏布局"键（⊙），选择"程序+图形"编程界面（见图 2-46）。该界面的左侧窗口显示程序，右侧窗口显示编程轨迹或试运行图像。

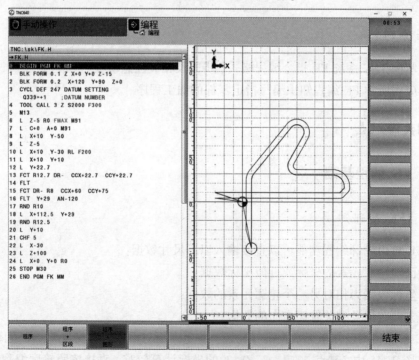

图 2-46　"程序+图形"编程界面

要想及时显示 FK 编程轨迹，还需要进行如下设置：在编程模式下，单击机床操作面板上软键行切换键中的左右箭头（◁▷），切换到第 3 软键行，进入轨迹显示设置界面，如图 2-47 所示；"程序段号"软键设置为"显示"，坐标网格软键设置为"开"，"自动画图"软键设置为"开"，这样就能及时观察编程的走刀轨迹了。

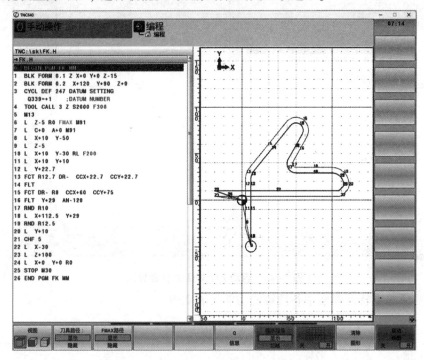

图 2-47 FK 编程轨迹显示设置界面

通常，不完整的坐标数据无法完全确定工件轮廓。为此，TNC 系统在 FK 图形上显示可能的轮廓，使操作人员可以从中选择与图纸相符的轮廓。FK 图形用不同的颜色显示工件轮廓元素：蓝色表示已完全确定的轮廓元素；绿色表示输入的数据有几个可能解，选择一个正确的；红色表示输入的数据不足以确定轮廓元素，进一步输入数据。

如果输入的编程数据确定有几个可能轮廓，且轮廓元素显示为绿色，那么用以下方法选择正确的轮廓元素：

（1）反复按"显示结果"（SHOW SOLUTION）软键直到显示正确轮廓元素为止；

（2）如果显示的轮廓元素与图纸相符，用"选择方案"（FSELECTN）键选择轮廓元素；

（3）可以选择"结束"键，继续输入轮廓数据。

（三）启动 FK 对话的软键界面

在 TNC 系统操作面板上，在编程路径运动功能键中，按下"FK"键（见图 2-14）就可以进入启动 FK 对话的软键界面，如图 2-48 所示。如果用图 2-48 中的软键之一启动 FK 对话，TNC 系统将显示更多软键行，使操作人员可以输入已知坐标、方向数据及有关轮廓走向的数据。

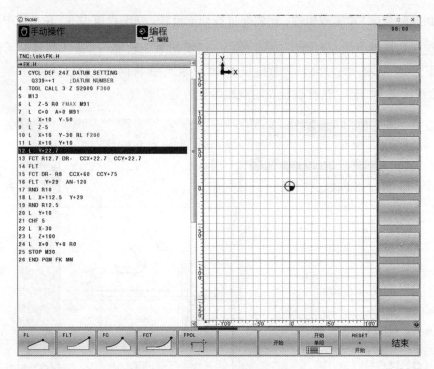

图 2-48 启动 FK 对话的软键界面

FK 对话的主软键界面中各按键的功能见表 2-9。

表 2-9 FK 对话的主软键功能表

软键	名称	功能
FL	非相切直线	启动非相切直线编程的对话，TNC 系统显示更多软键，向程序段中输入所有已知数据
FLT	相切直线	启动直线相切连接另一个轮廓元编程的对话，向程序段中输入所有已知数据
FC	非相切圆弧	启动圆弧自由编程的对话，TNC 系统显示直接输入圆弧数据或圆心数据的软键，向程序段中输入所有已知数据
FCT	相切圆弧	启动圆弧相切连接另一个轮廓元编程的对话，TNC 系统显示直接输入圆弧数据或圆心数据的软键，向程序段中输入所有已知数据
FPOL	FK 编程极点	启动定义极点的对话，TNC 系统显示当前加工面的轴软键，输入极点坐标。FK 编程的极点保持有效，直到用 FPOL 定义新极点

二、FK 编程各个按键解析

　　FK 编程方法类似于用 AutoCAD 软件绘制轮廓线，按不同的 FK 编程主软键进入具体编程界面，如图 2-49 所示的 FCT 编程对话的界面。"绘制"与前几何元素相切的直线用"FLT"软键，"绘制"其他直线用"FL"软键，同时，一般要输入线的终点坐标或者直线长和直线倾斜角等。"绘制"圆弧时，一般要输入圆心坐标、圆弧半径、圆弧方向（顺时针为 DR-，逆时针为 DR+）等；与前几何元素相切时，用"FCT"软键，相交时用"FC"软键。用极坐标 FK 编程时，应先用"FPOL"软键定义极点。

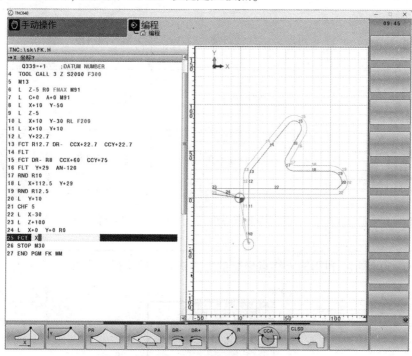

图 2-49　FCT 编程对话的界面

（一）终点坐标和轮廓元素的方向与长度

　　通过 FK 编程软键输入轮廓元素的终点坐标 X，Y，极点坐标 PR，PA，直线长度，直线倾斜角，圆弧的弦长 LEN，切入的倾斜角 AN，圆弧的圆心角等已知数据。FK 编程的软键功能及含义见表 2-10。

表 2-10　FK 编程的软键及功能表 1

软键	已知数据	注释
	轮廓元素终点坐标 X，Y	输入终点坐标 X，Y

表 2-10（续）

软键	已知数据	注释
PR PA	轮廓元素终点的极坐标 PR/PA	极径/极角（先用"FPOL"定义极点）
LEN	直线长度	输入线长
AN	直线倾斜角	输入倾斜角
LEN	圆弧弦长	输入弦长
AN	切入的倾斜角	输入倾斜角
CCA	圆弧圆心角	输入圆心角

如图 2-50 所示，利用输入终点坐标的方式进行 FK 编程。

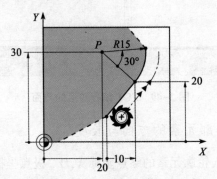

图 2-50 输入终点坐标的 FK 编程示意图

编制图 2-50 所示轮廓程序，具体如下：

…………

7　FPOL X+20 Y+30

8　FL IX+10 Y+20 RR

9　FCT PR+15 IPA+30 DR+ R15

…………

如图 2-51 所示，利用输入轮廓元素的方向与长度的方式进行 FK 编程。

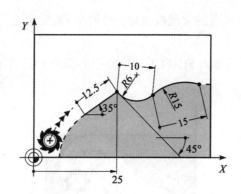

图 2-51 输入轮廓元素的方向与长度的 FK 编程示意图

编制图 2-51 所示轮廓程序，具体如下：

…………

27　FLT X+25 LEN12.5 AN+35 RL F200

28　FC DR+ R6 LEN10 AN-45

29　FCT DR- R15 LEN15

…………

（二）FC/FCT 程序段中的圆心 CC、半径与旋转方向

TNC 系统用输入的数据计算自由编程圆弧的圆心，因此，可以在 FK 程序段中编写整圆程序。如果要用极坐标定义圆心，那么必须用 FPOL 而不能用 CC 确定极点。FPOL 用直角坐标输入并保持有效，直到 TNC 系统执行另一个 FPOL 定义的程序段。

直角坐标圆心、极坐标圆心、圆弧旋转方向、圆弧半径、封闭轮廓等已知数据具体的软键功能及含义见表 2-11。

表 2-11 FK 编程的软键及功能表 2

软键	已知数据	注释
CCX　CCY	圆弧圆心 X, Y	输入圆心坐标
CC PR　CC PA	极坐标圆弧的圆心	FK 中不能用 CC 定义圆心
DR-　DR+	圆弧方向	顺时针为 DR-，逆时针为 DR+
R	圆弧半径	输入半径
CLSD	轮廓的起点程序段及最终闭合程序段	"CLSD+"为轮廓起点，"CLSD-"为轮廓终点

计算的圆心或常规编程的圆心不再是新 FK 轮廓的有效极点或有效圆心。如果输入

相对已定义 CC 程序段中极点的常规极坐标，必须在 FK 轮廓之后再次输入 CC 程序段中的极点。

如图 2-52 所示，利用输入 FC/FCT 程序段中的圆心 CC、半径与旋转方向的方式进行 FK 编程。

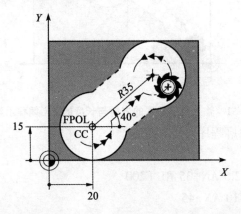

图 2-52　输入圆心 CC、半径与旋转方向的 FK 编程示意图

编制图 2-52 所示轮廓程序，具体如下：

…………

10　FC CCX+20 CCY+15 DR+ R15

11　FPOL X+20 Y+15

12　FL AN+40

13　FC DR+ R15 CCPR+35 CCPA+40

…………

FK 编程可以用"CLSD"（封闭轮廓）软键确定封闭轮廓的起点和终点，如图 2-53 所示。这样可以减少最后一个轮廓元素的可能解的数量。输入"CLSD"作为 FK 程序块的第一个与最后一个程序段的附加轮廓数据。"CLSD+"表示轮廓起点，"CLSD-"表示轮廓终点。

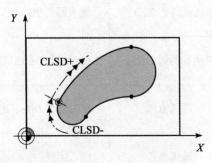

图 2-53　FK CLSD 编程示意图

编制 CLSD 程序，具体如下：

…………

12　L X+5 Y+35 RL F500 M3

13　FC DR- R15 CLSD+ CCX+20 CCY+35

…………

17　FCT DR- R+15 CLSD-

…………

（三）辅助点

FK 编程的直线和 FK 编程的圆弧，都可以输入轮廓上或轮廓附近的辅助点的坐标。轮廓上的辅助点是指辅助点在直线、直线延长线或圆弧上。轮廓附近的辅助点除了需要输入辅助点的 X 和 Y 轴坐标外，还需要输入辅助点到轮廓上的垂直距离。

轮廓上的辅助点软键功能及含义见表 2-12。轮廓附近的辅助点软键功能及含义见表 2-13。

表 2-12　轮廓上的辅助点软键及功能表

软键	已知数据	注释
	直线的辅助点 P_1 的 X 和 Y 轴坐标	输入直线上 P_1 点坐标
	直线的辅助点 P_2 的 X 和 Y 轴坐标	输入直线上 P_2 点坐标
	圆弧路径的辅助点 P_1 的 X 和 Y 轴坐标	输入圆弧上 P_1 点坐标
	圆弧路径的辅助点 P_2 的 X 和 Y 轴坐标	输入圆弧上 P_2 点坐标
	圆弧路径的辅助点 P_3 的 X 和 Y 轴坐标	输入圆弧上 P_3 点坐标

表 2-13　轮廓附近的辅助点软键及功能表

软键	已知数据	注释
	直线附近辅助点的 X 和 Y 轴坐标	输入直线附近辅助点坐标
	辅助点到直线的垂直距离	输入辅助点到直线的垂直距离
	圆弧附近的辅助点的 X 和 Y 轴坐标	输入圆弧附近辅助点坐标
	辅助点到圆弧的垂直距离	输入辅助点到圆弧的垂直距离

如图 2-54 所示，利用输入辅助点坐标的方式进行 FK 编程。

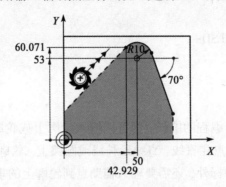

图 2-54 FK 辅助点编程示意图

编制图 2-54 轮廓程序，具体如下：

…………

13 FC DR- R10 P1X+42.929 P1Y+60.071

14 FLT AN-70 PDX+50 PDY+53 D10

…………

四、FK 编程注意事项

FK 编程与常规编程在使用场合、范围及形式等方面都是不同的，使用时应特别注意以下六个方面。

（1）FK 编程仅适用于加工面上的平面轮廓编程，不适用于型腔等。加工面通过刀轴定义，在定义毛坯的程序段中完成。

（2）FK 编程不允许使用省略形式，即使数据在各程序段中没有变化也必须输入，但 FK 定义的极点，直到再次定义新极点前一直保持有效。

（3）一个程序中可以同时输入 FK 程序段和常规程序段，但在返回常规编程前必须先完整地定义 FK 轮廓。

（4）倒角、倒圆角指令可直接用于 FK 编程。

（5）在 LBL 标记之后第一个程序段禁止用 FK 编程。

（6）用极坐标定义圆心时，必须先用"FPOL"软键定义极点，不能用 CC 功能。如果输入相对已定义 CC 程序段中极点的常规极坐标，必须在 FK 轮廓之后再次输入 CC 程序段极点。

任务实践

应用 FK 编程功能，编写如图 2-45 所示的凸台轮廓的铣削程序，毛坯尺寸为 120 mm×90 mm×15 mm。设左下角为工件坐标系原点。（不考虑余量去除。）

参考程序如下：

0   BEGIN PGM XH MM

```
1  BLK FORM 0.1 Z X+0 Y+0 Z−15
2  BLK FORM 0.2 X+120 Y+90 Z+0
3  CYCL DEF 247 DATUM SETTING
   Q339=+1      ; DATUM NUMBER
4  TOOL CALL 3 Z S2000 F300
5  M13
6  L Z−5 R0 FMAX M91
7  L C+0 A+0 M91
8  L X+10 Y−50
9  L Z−5
10 L X+10 Y−30 RL F200
11 L X+10 Y+10
12 L Y+22.7
13 FCT R12.7 DR−CCX+22.7 CCY+22.7
```
FK 编程输入相切圆弧的半径、方向、圆心坐标
```
14 FLT
```
直线没有已知数据，直接输入"相切直线"指令
```
15 FCT R8 DR−CCX+60 CCY+75
```
FK 编程输入相切圆弧的半径、方向、圆心坐标
```
16 FLT Y+29 AN−120
```
FK 编程输入相切直线 Y 轴终点坐标和直线的角度方向
```
17 RND R10
18 L X+112.5 Y+29
19 RND R12.5
20 L Y+10
21 CHF 5
22 L X−30
23 L Z+100
24 L X+0 Y+0 R0
25 STOP M30
26 END PGM XH MM
```

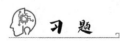习题

应用所学知识编写以下习题中的凸台轮廓及型腔轮廓的铣削程序。毛坯尺寸根据图纸合理设定，工件坐标系原点根据图纸合理选定。

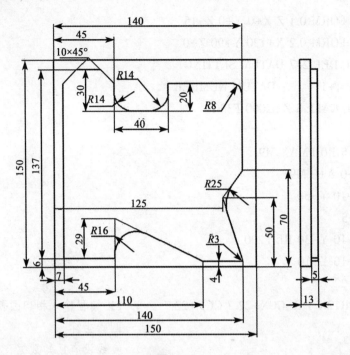

习题 2-1

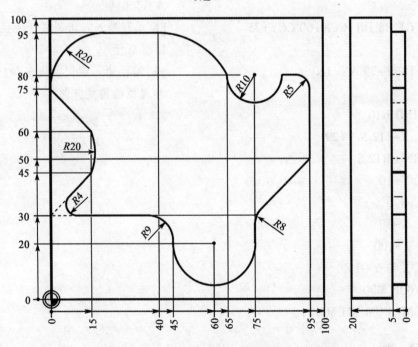

习题 2-2

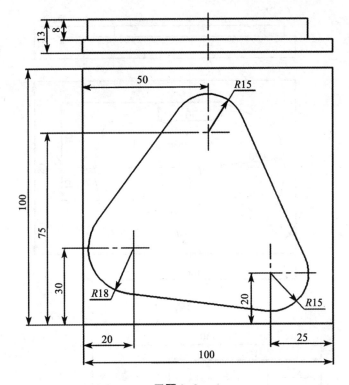

习题 2-3

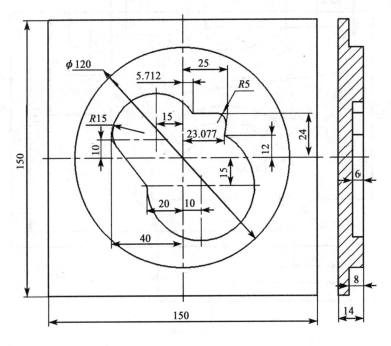

习题 2-4

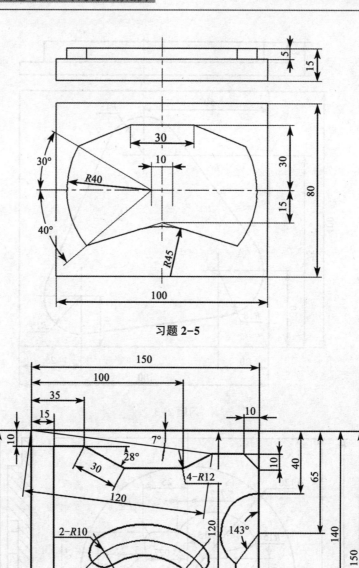

习题 2-5

习题 2-6

项目三

子程序和程序块编程应用

编程时经常重复进行加工某一规定的轮廓形状和阵列分布的相同的孔等，此时，为了简化程序的编制，常常应用子程序。通过本项目的学习，学生不仅可以掌握子程序和程序块的基本编程方法，而且能为后续学习循环编程知识打下基础。

任务一　子程序编程应用

 **任务描述**

编程中，如果零件有多个完全一样的轮廓，那么可以编写其中一个轮廓作为子程序。应用子程序调用功能加工其他轮廓，可以简化程序的编制，提高编程效率。通过本任务的学习，学生可以掌握 TNC 系统子程序编程的格式与基本方法，能够应用子程序指令编制简单的子程序。

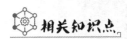 **任务目标**

（1）掌握 TNC 系统子程序编程格式及调用方法。
（2）应用子程序功能编写指定零件的加工程序。

相关知识点

一、子程序的格式

子程序一般不可以作为独立的加工程序使用，只能在调用时才被执行，以实现加工过程中的局部动作。子程序执行结束后，能自动返回到调用的程序中。子程序与主程序在程序内容方面基本相同。TNC 系统的子程序的开始与结束用"LBL"（英文 label 的缩写）标记："LBL +正整数"标记子程序开始，并代表子程序名称；"LBL 0"标记子程序结束。子程序一般编写在主程序"STOP M30"程序段之后。

子程序格式如下：

LBL 正整数　　　　　　　子程序开始，子程序名

…………

LBL 0　　　　　　　　　子程序结束

说明：标记由 1 至 999 之间的数字进行标识或自定义一个名称；每个标记号或标记名在程序内只能用""键设置一次，如果某标记号设置了一次以上，TNC 系统将显示出错信息；"LBL 0"只能用于标记子程序的结束，可以使用任意次。

二、子程序的标记过程

TNC 系统中子程序输入过程如下。

（1）在程序编辑界面，将鼠标光标移动到要设定子程序的程序段前面。在编程对话窗口区（见图 3-1）按"LBL SET"键。

图 3-1　编程对话窗口区

（2）弹出图 3-2 所示编程界面，编程区显示"LBL"，在其后输入标记号。把光标移动到子程序结束处按"LBL SET"键，输入"0"，表示子程序结束。

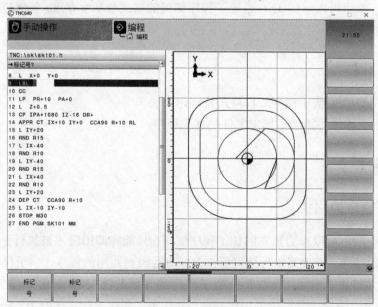

图 3-2　子程序编程界面

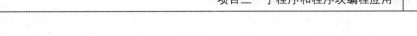

三、子程序的调用过程

(1)在程序编辑界面,将鼠标光标移动到要调用子程序的位置。在编程对话窗口区按"⬚"键。

(2)编程区显示"CALL LBL",在其后输入要调用的标记号,如图3-3所示。

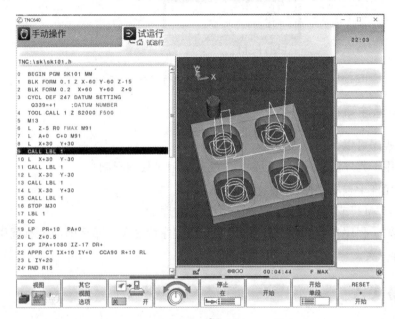

图3-3　在"CALL LBL"后输入标记号

如果将字符串参数号输入到目标地址中,并按下"QS"软键,那么TNC系统将跳转到字符串参数中定义的标记名处。若要忽略"REP"(重复),则按下"NO ENT"键。REP功能只用于程序块重复。不允许输入"CALL LBL 0",因为它只用于结束子程序调用。

四、子程序执行顺序

(1)TNC系统按照顺序执行零件加工程序,直到用"CALL LBL"调用子程序的程序段为止。

(2)跳转(skip)到子程序起点,并执行到子程序结束,子程序由"LBL 0"标记结束。

(3)返回(return)从子程序调用之后的程序段,开始恢复运行零件程序。

子程序运行过程见图3-4。

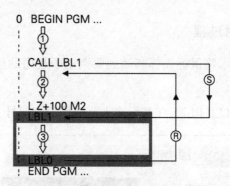

图 3-4　子程序运行过程

五、编程注意事项

（1）主程序可以有任意数量的子程序。

（2）调用子程序的顺序没有限制，也没有调用次数的限制。

（3）不允许子程序调用自身。

（4）在有"M2"或"M30"的程序段后编写子程序。

（5）如果子程序在有"M2"或"M30"的零件程序段之前，那么即使没有调用它们，也至少会执行一次。

任务实践

应用子程序功能，编写如图 3-5 所示的 4 个相同凹轮廓的铣削程序，毛坯尺寸为 120 mm×120 mm×15 mm，设工件对称中心为编程坐标系原点(不考虑余量去除)。图3-5 的加工工艺说明如图 3-6 所示。

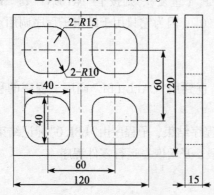

图 3-5　子程序编程示意图

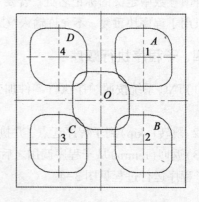

图 3-6　图 3-5 的加工工艺说明图

参考程序如下：

```
0   BEGIN PGM SK315 MM
1   BLK FORM 0.1 Z X-60 Y-60 Z-15
2   BLK FORM 0.2 X+60 Y+60 Z+0
```

```
3   CYCL DEF 247 DATUM SETTING
    Q339 = +1              ; DATUM NUMBER
4   TOOL CALL 1 Z S2000 F500
5   M13
6   L Z-5 R0 FMAX M91
7   L A+0 C+0 M91
8   L X+30 Y+30                          图3-6中定位点1
9   CALL LBL 1                           调用子程序1,加工图3-6中的轮廓A
10  L X+30 Y-30                          图3-6中定位点2
11  CALL LBL 1                           调用子程序1,加工图3-6中的轮廓B
12  L X-30 Y-30                          图3-6中定位点3
13  CALL LBL 1                           调用子程序1,加工图3-6中的轮廓C
14  L X-30 Y+30                          图3-6中定位点4
15  CALL LBL 1                           调用子程序1,加工图3-6中的轮廓D
16  STOP M30                             程序结束
17  LBL 1                               子程序,图3-6中的中间部分
18  CC                                  设定当前点为极坐标
19  LP PR+10 PA+0                        螺旋线起点位置,见图3-3
20  L Z+0.5
21  CP IPA+1080 IZ-16 DR+                螺旋线下刀,见图3-3
22  APPR CT IX+10 IY+0 CCA90 R+10 RL
23  L IY+20
24  RND R15
25  L IX-40
26  RND R10
27  L IY-40
28  RND R15
29  L IX+40
30  RND R10
31  L IY+20
32  DEP CT CCA90 R+10
33  L IX-10 IY-10
34  L Z+50                              绝对值抬刀
35  LBL 0                               子程序结束
36  END PGM SK315 MM
```

子程序编写过程中,为了方便编程,把子程序轮廓假设在工件中心(见图3-6中 O 点的轮廓)。同时,为了能方便子程序的调用,子程序全部采用增量的编程方式(抬刀除

外）。子程序的走刀路线见图 3-2。

任务二　程序块编程应用

任务描述

在编程中，有时会遇到一组程序段在一个程序中连续多次出现的情况，此时可以把这组程序段看作一个程序单元，这个单元即程序块。通过本任务的学习，学生可以掌握 TNC 系统程序块编程的格式与调用方法。

任务目标

（1）掌握 TNC 系统程序块编程格式及调用方法。

（2）应用程序块功能编写指定零件的加工程序。

（3）应用子程序和程序块嵌套功能编写指定零件的加工程序。

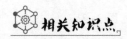
相关知识点

一、程序块的基本知识

程序块以"LBL+正整数"命名，并标记程序块的开始。因此，程序块在形式上可以看成子程序去掉子程序结束标记（LBL 0）而成的。与子程序不同的是，程序块在程序中能直接执行。用"LBL"标记重复运行程序段的开始，用"CALL LBL *n* REP *n*"标记重复运行程序段的结束。子程序块编程格式及过程见图 3-7，图中执行子程序块"LBL 1"共 3 次。

二、程序块编程方法与执行过程

与子程序标记相同，用"LBL"标记程序块，

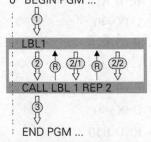

图 3-7　子程序块编程格式及过程

按"LBL SET"键输入标记符。用"CALL LBL __ REP"格式标记调用程序块次数，即重复运行程序块的次数。按"LBL CALL"键，在"CALL LEB"后输入块名称或编号，再在"REP"后输入重复运行次数。

TNC 系统执行零件程序直到程序块终点（CALL LBL *n* REP *n*）。然后调用标记"LBL"与标记"CALL LBL *n* REP *n*"之间的程序块，重复执行"REP"后输入的次数。最后一次运行结束后，继续运行零件加工程序。

程序块编程允许程序块连续重复运行的次数不超过 65534 次。程序块执行的总次数一定比编程的重复次数多一次，这是因为第一次重复是在第一次加工之后。

三、程序块与子程序的区别

子程序与程序块都用于重复加工，起到简化程序编制的作用。子程序一般作为一个整体放在"M30"之后。程序块是选取程序中的部分程序段用于重复使用。子程序与程序块都用"$\boxed{\text{LBL SET}}$"键输入标记符，用"$\boxed{\text{LBL CALL}}$"键调用，不同的是程序块需要用 REP 指令设定重复使用次数。重复运行的程序块和子程序调用的区别见图 3-8 和图 3-9。

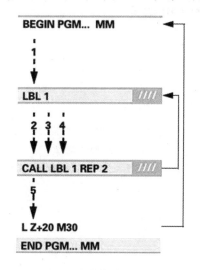

图 3-8 程序块的重复运行

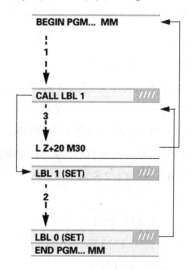

图 3-9 子程序调用

任务实践

（1）如图 3-10 所示，铣削尺寸为 150 mm×100 mm 的平板上表面，铣削深度为 1 mm。在铣削时，由于不能一次走刀完成零件的表面加工，而且走刀路线都是重复的形状，为了简化程序的编制，可以通过程序块调用方式加工上表面。

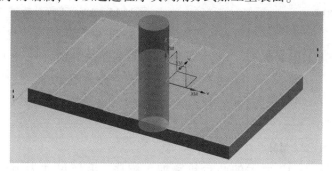

图 3-10 平面铣削子程序应用

如图 3-11 所示，该平面铣削由多个"几"字形走刀轨迹构成。图中，1，2，3，4 四条轨迹在不同位置不断重复。编程时，可以把"几"字形作为一个子程序多次调用。设工件左下角为编程零点，采用φ10立铣刀进行铣削，行距为8，重复9次。

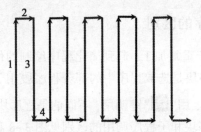

图3-11 平面铣削走刀示意图

参考程序如下：

0	BEGIN PGM 227 MM	
1	BLK FORM 0.1 Z X+0 Y+0 Z−30	
2	BLK FORM 0.2 X+150 Y+100 Z+0	
3	CYCL DEF 247 DATUM SETTING	
	Q339=+1 ; DATUM NUMBER	
4	TOOL CALL 1 Z S2000 F800	
5	M13	
6	L Z−5 FMAX M91	
7	L A+0 C+0 FMAX M91	
8	L X+0 Y−30 F200	
9	L Z+2	
10	L Z−1	下刀切深为1 mm
11	L X+0 Y+0	切削到工件坐标系零点位置
12	LBL 1	标记程序块
13	L IY+100	图3-11中"几"字形轨迹1
14	L IX+8	图3-11中"几"字形轨迹2，行距为8
15	L IY−100	图3-11中"几"字形轨迹3
16	L IX+8	图3-11中"几"字形轨迹4，行距为8
17	CALL LBL 1 REP 9	调用程序块"LBL 1"，重复9次，共走"几"字形轨迹10次
18	L Z+50	
19	STOP M30	
20	END PGM 227 MM	

（2）编写如图3-12所示的凸台轮廓加工程序，毛坯尺寸为100 mm×100 mm×40 mm。应用子程序和子程序块功能实现粗、精加工和分层切削。凸台深度为30 mm，每次加工5 mm深，分6次完成粗加工。

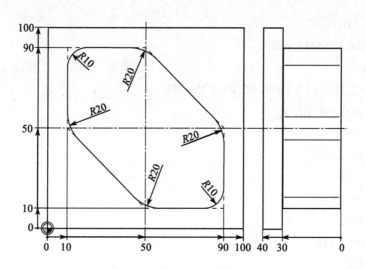

图 3–12 子程序分层加工示意图

参考程序如下：

0　BEGIN PGM 326 MM

1　BLK FORM 0.1 Z X+0 Y+0 Z–40

2　BLK FORM 0.2 X+100 Y+100 Z+0

3　CYCL DEF 247 DATUM SETTING
　　Q339=+1　　　; DATUM NUMBER

4　TOOL CALL 1 Z S2500 F500 DR+1　　　粗加工 ϕ20 立铣刀，刀具半径的偏置量为+1

5　M13

6　L Z–5 FMAX M91

7　L A+0 C+0 FMAX M91

8　L Z+100 R0

9　L X–30 Y+70

10　L Z+0　　　Z 向下刀到工件上表面

11　LBL 2　　　设定程序块"LBL 2"

12　L IZ–5 R0 FMAX M3　　　增量方式 Z 向每次下刀的深度

13　CALL LBL 1　　　调用子程序 1 加工轮廓

14　CALL LBL 2 REP 5　　　重复程序块"LBL 2"5 次

15　L Z+100 R0 FMAX

16　TOOL CALL 3 Z S3000 F300　　　更换精加工刀具，去掉 1 mm 余量

17　M13

18　L Z+100 R0 FMAX

19　L X–30 Y+70 R0 FMAX

20　L Z–30

21 CALL LBL 1

22 L Z+100 R0 FMAX M30

23 LBL 1   轮廓加工设定为子程序1

24 APPR LCT X+10 Y+70 R5 RL F250 M3

25 L X+10 Y+90 RL

26 RND R10

27 L X+50 Y+90

28 RND R20

29 L X+90 Y+50

30 RND R20

31 L X+90 Y+10

32 RND R10

33 L X+50 Y+10

34 RND R20

35 L X+10 Y+50

36 RND R20

37 L X+10 Y+70

38 DEP LCT X−20 Y+70 R5 F500

39 LBL 0   子程序结束

40 END PGM 326 MM

 习 题

应用所学知识编写下列习题的铣削程序。毛坯尺寸根据图纸合理设定，工件坐标系原点根据图纸合理选定。

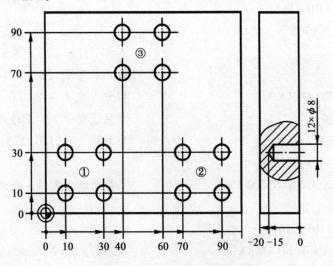

习题 3-1   用子程序进行孔加工

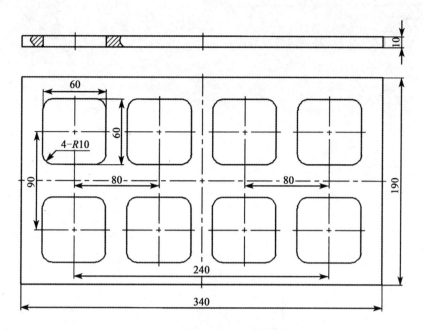

习题 **3-2**　用子程序进行型腔加工

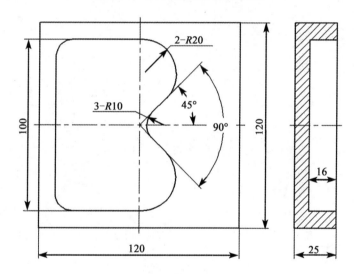

习题 **3-3**　用子程序进行分层加工

项目四

循环加工编程应用

对于由多个加工步骤组成且经常重复使用的加工过程，可将其保存为标准循环存放在 TNC 系统存储器中。TNC 系统大多数循环都用 Q 参数作传递参数。对于在多个循环中使用且具有特殊功能的参数，一般使用相同的 Q 参数编号。

循环编程避免了重复编程，使程序结构层次分明、逻辑严谨，提高了程序的可读性。编程时，一般先定义循环，再调用循环；但部分循环(如阵列)是定义即生效的，不需要调用。通过本项目的学习，学生可以掌握孔加工、凸台和型腔加工、坐标变换、SL 等循环的基本编程方法。

任务一　循环编程基础

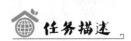 **任务描述**

循环编程是将若干条基本加工指令(如圆弧插补、直线插补)表述的加工内容，用循环指令表达出来，并存储在数控系统内存中，经过译码程序的译码，转换成数控系统能识别的基本指令，从而实现对所需特征的加工。通过本任务的学习，学生可以掌握 TNC 系统循环编程的格式和过程，能编制简单的孔加工循环程序。

任务目标

(1)掌握 TNC 系统循环编程的基本格式及调用循环的指令。

(2)应用定中心循环 240 指令编写指定零件的加工程序。

 相关知识点

一、循环定义

用循环功能进行程序编制时，一般要先定义循环，确定循环功能的参数。在编程模式下，按下编程对话窗口区（图 3-1）中的" $\begin{smallmatrix} \text{CYCL} \\ \text{DEF} \end{smallmatrix}$ "键，启动循环定义，弹出如图 4-1 所示的界面。常用循环图标及功能见表 4-1。

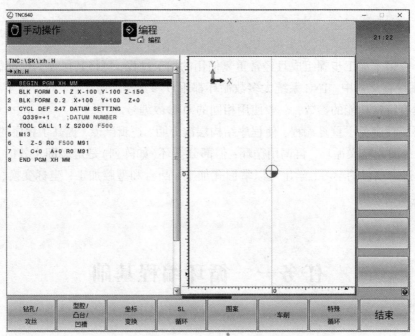

图 4-1 启动循环定义界面

表 4-1 常用循环图标及功能

软键图例	内含循环及功能
钻孔/ 攻丝	啄钻、铰孔、镗孔、锪孔、攻丝、螺纹切削和螺纹铣削循环
型腔/ 凸台/ 凹槽	铣削型腔、凸台和凹槽循环
坐标 变换	坐标变换循环，用于各轮廓的原点平移、旋转、镜像、放大和缩小
SL 循环	SL（子轮廓列表）循环，用于加工平行于多个重叠的子轮廓、圆柱面插补组成的较为复杂轮廓的平行轮廓

表 4-1(续)

软键图例	内含循环及功能
图案	生成阵列点的循环，如圆弧阵列孔或直线阵列孔
车削	车削加工循环
特殊循环	特殊循环，如停顿时间、程序调用、定向主轴停转和公差控制

　　在循环定义界面底部的软键区单击所需循环组的软键，如按一下"型腔/凸台/凹槽"软键(　)，则弹出具体的"型腔/凸台/凹槽"循环界面，如图 4-2 所示。软键正上方的粗横线，称为软键行，单击机床操作面板上的软键行切换键"◁"或"▷"，找到需要的具体循环功能，则当前软键行的横线显示为高亮蓝色，后台软键行的横线显示为黑色。

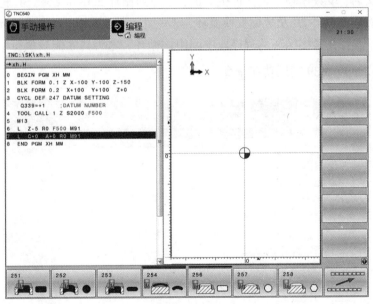

图 4-2　"型腔/凸台/凹槽"循环界面

　　按下相应的循环功能键，即可进入循环编程的参数界面。例如，按下"251 矩形型腔循环"(　)，弹出如图 4-3 所示的编程参数界面。图中，左侧窗口显示要输入的参数，右侧窗口显示相应参数的示意图，信息提示区位置显示相应参数的提示信息。输入每个参数值后，按"ENT"键确认，同时提示信息中要求输入的参数在左侧窗口以高亮形式显示。

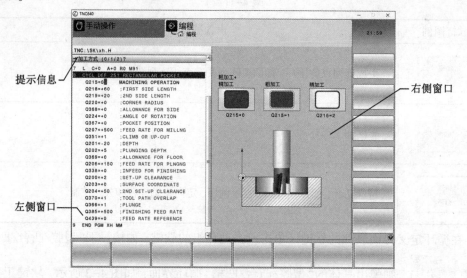

图 4-3　251 矩形型腔循环编程参数界面

二、循环调用

循环定义后，少数循环是定义即生效的，如阵列循环 220 和 221、SL 轮廓几何特征循环 14、轮廓数据循环 20 及坐标变换循环，这些循环不必调用。但多数循环要通过调用才能生效，即需要在紧接循环的程序段中调用该循环，之后其才能被执行。调用循环时用"$\boxed{\text{CYCL CALL}}$"键或 M99/M89 辅助功能指令。

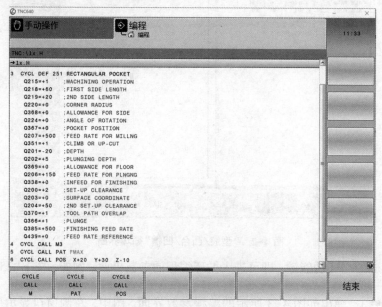

图 4-4　循环调用方式软键界面

按"$\boxed{\text{CYCL CALL}}$"键启动循环调用后，屏幕界面底部软键区将显示三种具体的循环调用软键，即"CYCLE CALL M"（循环调用）、"CYCLE CALL PAT"（循环调用阵列）、"CYCLE CALL POS"（循环调用位置），见图4-4。编程时，按照循环起点确定方式进行选择。"CYCL CALL"功能将调用之前最后定义的固定循环一次。循环起点位于"CYCL CALL"程序段之前最后一个编程位置。

（一）CYCLE CALL M

按下"CYCLE CALL M"软键，输入一个循环调用。当循环起点默认位于循环调用程序段之前的最后一个编程位置时，选择"CYCLE CALL M"软键。根据需要，输入辅助功能M（如用M3使主轴运转），或者按下"END"键结束对话。

（二）CYCLE CALL PAT

按下"CYCLE CALL PAT"软键，输入一个循环调用。"CYCLE CALL PAT"软键用于调用任何位置的最新使用的阵列定义（PATTERN DEF）或调用点位表功能定义的固定循环。

（三）CYCLE CALL POS

"CYCLE CALL POS"软键用于调用一次最新定义的固定循环。循环起点位于"CYCL CALL POS"程序段中定义的位置。用"CYCLE CALL POS"软键调用循环编程时，必须输入完整的空间点坐标，且刀轴方向坐标Z值与钻孔深有关，如"CYCLE CALL POS X+20 Y+30 Z-10"。

（四）循环调用指令（M99/M98）

M99指令用于调用一次之前最后定义的固定循环。M99指令必须编写在定位程序段的末尾，只在该程序段有效，为非模态指令。如在不同位置多次调用同一循环，可用模态指令M89。要取消M89的调用功能，只要编程时在最后一个定位程序段中使用M99指令，或者用"CYCL DEF"键定义一个新的循环即可。

三、定中心循环240

当孔的位置要求较高时，应先用中心钻钻定位孔，再用麻花钻等进行孔加工。定位孔为锥孔，深度一般取2.5 mm。钻定位孔时，用定中心循环240指令进行编程。在编程模式下，点击"⌨CYCL DEF"键启动循环定义，在底部软键区单击"🔲钻孔/攻丝"软键（见图4-1），单击机床操作面板上的软键行切换键"◁"或"▷"，找到"🔲240"（240指令）按键，点击240指令按键进入编程界面（见图4-5），然后根据零件加工要求，把Q参数填写完整。

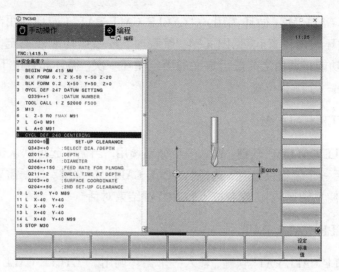

图 4-5　定中心循环 240 编程界面

填写循环参数时，选到每一个参数，在编程界面的右侧会有对应的示意图（参考图 4-5），以供编程人员参考。

（一）定中心循环 240 钻孔过程

定中心循环 240 指令用于钻定位孔，该循环的钻孔过程如下：

（1）TNC 系统沿刀具轴以快移速度（FMAX）将刀具移至工件表面上的安全高度处；

（2）刀具以编程进给速率（F）定中心于编程的定中心直径或定中心深度处；

（3）如有定义，刀具保持在定中心深度处；

（4）刀具退至安全高度，或者如果编程了第二安全高度，那么用快移速度（FMAX）退至第二安全高度。

（二）定中心循环 240 参数解析

定中心循环 240 指令参数动作见图 4-6。各个参数的名称、含义及示意图见表 4-2。

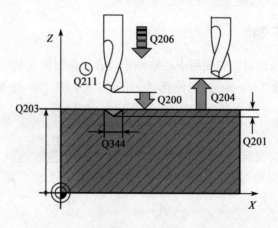

图 4-6　定中心循环 240 指令参数动作示意图

表4-2 定中心循环240指令参数的名称、含义及示意图

参数	名称	含义	参数示意图
Q200	安全高度	刀尖与工件表面之间的距离,输入正值	
Q343	选择深度/直径	选择是否基于输入的深度或直径执行定中心。 0:基于输入的深度定中心; 1:基于输入的直径定中心。 如果用基于输入的直径执行定中心,必须在刀具表中"T-ANGLE"(刀尖角)中输入刀尖角度数	Q343=1 Q343=0
Q201	深度（增量值）	工件表面与定中心最低点(定中心圆锥尖)之间的距离。仅当 Q343 = 0 时才有效	
Q344	圆直径（代数符号）	定中心直径,仅当 Q343 = 1 时才有效	
Q206	切入进给速率	执行定中心时刀具移动速度,单位为 mm/min	

表 4-2（续）

参数	名称	含义	参数示意图
Q211	在孔底处的停顿时间	刀具在孔底的停留时间，以 s 为单位，输入范围为 0~3600	
Q203	工件表面坐标	工件表面的坐标	
Q204	第二安全高度（增量值）	刀具不会与工件（夹具）发生碰撞的沿主轴的坐标值	

任务实践

应用定中心循环 240 指令编写如图 4-7 所示位置点的定中心加工程序，毛坯尺寸为 100 mm×100 mm×20 mm。设工件对称中心为编程坐标系原点，定点深度为 2。

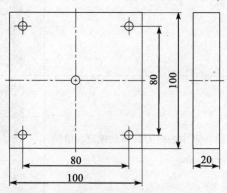

图 4-7 循环编程工作任务示意图

参考程序如下：

0　BEGIN PGM 417 MM

1　BLK FORM 0.1 Z X−50 Y−50 Z−20

2　BLK FORM 0.2 X+50 Y+50 Z+0

3　CYCL DEF 247 DATUM SETTING

　　Q339＝+1　　　；DATUM NUMBER

4　TOOL CALL 1 Z S2000 F500

5　M13

6　L Z−5 R0 FMAX M91

7　L C+0 M91

8　L A+0 M91

9　CYCL DEF 240 CENTERING

　　Q200＝+5　　　　　　　安全高度

　　Q343＝+0　　　　　　　选择深度/直径

　　Q201＝−2　　　　　　　深度

　　Q344＝+10　　　　　　 圆直径

　　Q206＝+150　　　　　　切入进给速率

　　Q211＝+2　　　　　　　在孔底处的停顿时间

　　Q203＝+0　　　　　　　工件表面坐标

　　Q204＝+50　　　　　　 第二安全高度

10　L X+0 Y+0 M89

11　L X−40 Y+40

12　L X−40 Y−40

13　L X+40 Y−40

14　L X+40 Y+40 M99

15　STOP M30

16　END PGM 417 MM

如用"CYCL CALL"指令调用定中心循环240，则选用软健"CYCLE CALL POS"，程序段如下：

10　CYCL CALL POS L X+0 Y+0 Z+0

11　CYCL CALL POS L X−40 Y+40 Z+0

12　CYCL CALL POS L X−40 Y−40 Z+0

13　CYCL CALL POS L X+40 Y−40 Z+0

14　CYCL CALL POS L X+40 Y+40 Z+0

任务二　孔加工循环编程应用

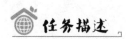 **任务描述**

在数控机床上加工孔常用的方法有钻、扩、镗、铰、铣等。TNC 系统中设置了很多孔的加工循环，用于加工包括螺纹在内的各种类型的孔。常用的孔加工循环指令有循环 240（定中心）、循环 200（钻孔）、循环 201（铰孔）、循环 202（镗孔）、循环 203（万能钻孔）、循环 207（刚性攻丝）等。通过本任务的学习，学生可以掌握 TNC 系统孔加工循环指令的用法及参数含义，能编制孔加工循环程序。

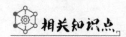 **任务目标**

(1)掌握 TNC 系统常用孔加工循环中 Q 参数的含义及编程注意事项。
(2)选用合适的孔加工循环指令编写指定零件的加工程序。

相关知识点

一、钻孔循环 200

(一)钻孔循环 200 钻孔过程

多数钻孔都可用钻孔循环 200 完成，该循环的钻孔过程如下：
(1)TNC 系统沿刀具轴以快移速度(FMAX)将刀具移至工件表面上的安全高度处；
(2)刀具以编程进给速率(F)钻至第一切入深度；
(3)TNC 系统以快移速度(FMAX)将刀具退至安全高度处并在此停顿(如果输入了停顿时间)，然后以快移速度(FMAX)移至第一切入深度上方的安全高度处；
(4)刀具以编程进给速率(F)钻孔至切入深度；
(5)TNC 系统重复这一过程[步骤(2)至步骤(4)]直至达到编程的孔总深为止；
(6)刀具从孔底退至安全高度，或者如果编程了第二安全高度，那么用快移速度(FMAX)退至第二安全高度。

(二)钻孔循环 200 参数解析

钻孔循环 200 指令参数动作见图 4-8，各个参数的名称、含义及示意图见表 4-3。

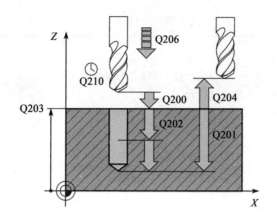

图 4-8 钻孔循环 200 指令参数动作示意图

表 4-3 钻孔循环 200 指令参数的名称、含义及示意图

参数	名称	含义	参数示意图
Q200	安全高度	刀尖与工件表面之间的距离，输入正值	
Q201	深度（增量值）	工件表面与孔底之间的距离	
Q206	切入进给速率	钻孔期间的刀具运动速度，单位为 mm/min	

表 4-3（续）

参数	名称	含义	参数示意图
Q202	切入深度 （增量值）	每刀进给量，该深度不能是切入深度的倍数。 下列情况将一次加工到所需深度： （1）切入深度等于该深度； （2）切入深度大于该深度	
Q210	顶部停顿时间	刀具自孔内退出进行排屑时，刀具在安全高度处的停留时间，以 s 为单位	
Q203	工件表面坐标 （绝对值）	工件表面的坐标	
Q204	第二安全高度 （增量值）	刀具不会与工件（夹具）发生碰撞的沿主轴的坐标值	
Q211	在孔底处的 停顿时间	刀具在孔底的停留时间，以 s 为单位，输入范围为 0~3600	

表 4-3(续)

参数	名称	含义	参数示意图
Q395	深度基准	选择输入的深度是相对刀尖位置还是相对刀具的圆周面。 0：相对刀尖的深度； 1：相对刀具圆周面的深度。 如果选择 Q395＝1，那么必须在刀具表中"T-ANGLE"(刀尖角)参数中输入刀尖角度	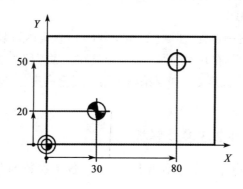

(三)钻孔循环 200 编程应用

如图 4-9 所示，在(30，20)和(80，50)位置钻深度为 15 的孔。要求：用钻孔循环 200 指令进行编程。

图 4-9　钻孔循环 200 编程图

参考程序节选如下：

…………

11 CYCL DEF 200 DRILLING

Q200＝2	安全高度
Q201＝-15	深度
Q206＝250	切入进给速率
Q202＝5	切入深度
Q210＝0	在顶部停顿时间
Q203＝+20	工件表面坐标
Q204＝100	第二安全高度
Q211＝0.1	在孔底处的停顿时间

Q395＝0　　　　　　　　深度基准

12 L X+30 Y+20 FMAX M3

13 CYCL CALL

14 L X+80 Y+50 FMAX M99

…………

二、万能钻孔循环203

（一）万能钻孔循环203钻孔过程

万能钻孔循环203常用于钻深孔，该循环的钻孔过程如下。

（1）TNC系统沿刀具轴以快移速度（FMAX）将刀具移至工件表面上的安全高度处。

（2）刀具以输入的进给速率（F）钻至第一切入深度。

（3）如果编写了断屑程序，刀具将按照输入的退刀值退刀。如果不用断屑加工，那么刀具以退刀速率退至安全高度处；如果编程了停顿时间，刀具将在此停留所输入的停顿时间，然后以快移速度再次移至第一切入深度上方的安全高度处。

（4）刀具以编程进给速率再次进刀。如果编程了递减量，那么刀具每次进给后的切入深度将按照递减量递减。

（5）TNC系统重复这一过程[步骤（2）至步骤（4）]直至达到编程的孔总深为止。

（6）如果程序要求刀具在孔底停留，那么刀具在孔底停留所输入的停顿时间，空转，然后以退刀速率退至安全高度处。如果编程了第二安全高度，刀具将以快速移动速度移至第二安全高度处。

（二）万能钻孔循环203参数解析

万能钻孔循环203指令参数动作见图4-10，各个参数的名称、含义及示意图见表4-4。

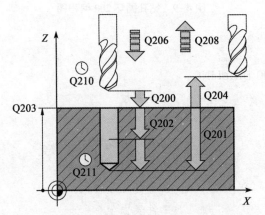

图4-10　万能钻孔循环203指令参数动作示意图

表 4-4　万能钻孔循环 203 指令参数名称、含义及示意图

参数	名称	含义	参数示意图
Q200	安全高度	刀尖与工件表面之间的距离，输入正值	
Q201	深度(增量值)	工件表面与孔底之间的距离	
Q206	切入进给速率	钻孔期间的刀具运动速度，单位为 mm/min	
Q202	切入深度(增量值)	每刀进给量，该深度不能是切入深度的倍数。下列情况将一次加工到所需深度： (1)切入深度等于该深度； (2)切入深度大于该深度	
Q210	顶部停顿时间	刀具自孔内退出进行排屑时，其在安全高度处的停留时间，以 s 为单位	

表 4-4（续）

参数	名称	含义	参数示意图
Q203	工件表面坐标 （绝对值）	工件表面的坐标	
Q204	第二安全高度 （增量值）	刀具不会与工件（夹具）发生碰撞的沿主轴的坐标值	
Q212	递减量 （增量值）	每次进给后，TNC 系统将减小切入深度（Q202）的值	
Q213	退刀前断屑次数	TNC 系统由孔中退出刀具进行排屑前的断屑次数。为了断屑，TNC 系统每次将退刀 Q256 参数设定的值	
Q205	最小切入深度 （增量值）	如果输入了递减量，TNC 系统将把切入深度限制为 Q205 输入的值	

表 4-4(续)

参数	名称	含义	参数示意图
Q211	在孔底处的停顿时间	刀具在孔底的停留时间,以 s 为单位,输入范围为 0~3600	
Q208	退刀进给速率	刀具自孔中退出的移动速度,单位为 mm/min。如果输入 Q208 = 0,TNC 系统将以 Q206 的进给速率退刀	
Q256	断屑退离速率	断屑时 TNC 系统的退刀值	
Q395	深度基准	选择输入的深度是相对刀尖位置还是相对刀具的圆周面。 0:相对刀尖的深度; 1:相对刀具圆周面的深度。 如果选择 Q395 = 1,那么必须在刀具表中"T-ANGLE"(刀尖角)参数中输入刀尖角度	

(三)万能钻孔循环 203 编程应用

如图 4-9 所示,在(30,20)和(80,50)位置钻深度为 20 的孔。要求:用万能钻孔循环 203 指令进行编程。

参考程序节选如下：

…………

11 CYCL DEF 203 UNIVERSAL DRILLING

    Q200 = 2   安全高度

    Q201 = -20   深度

    Q206 = 150   切入进给速率

    Q202 = 5   切入深度

    Q210 = 0   在顶部停顿时间

    Q203 = +20   工件表面坐标

    Q204 = 50   第二安全高度

    Q212 = 0.2   递减量

    Q213 = 3   退刀前断屑次数

    Q205 = 3   最小切入深度

    Q211 = 0.25   在孔底处的停顿时间

    Q208 = 500   退刀进给速率

    Q256 = 0.2   断屑退离速率

    Q395 = 0   深度基准

12 L X+30 Y+20 FMAX M3

13 L X+80 Y+50 FMAX M99

…………

三、铰孔循环 201

（一）铰孔循环 201 加工过程

铰孔循环 201 指令用于铰孔加工，先用钻孔指令把孔加工到合适尺寸，再用铰孔指令加工孔，以达到提高被加工孔的表面质量的效果。该循环的孔加工过程如下：

（1）TNC 系统沿刀具轴以快移速度(FMAX)将刀具移至工件表面上的安全高度处；

（2）刀具以编程进给速率(F)铰孔至输入的深度；

（3）如果编程了停顿时间，刀具将在孔底处停顿所输入的时间；

（4）刀具以进给速率退刀至安全高度，如果编程了第二安全高度，那么由安全高度处以快移速度移至第二安全高度处。

（二）铰孔循环 201 参数解析

铰孔循环 201 指令参数动作见图 4-11，各个参数的名称、含义及示意图见表 4-5。

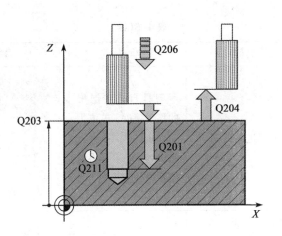

图 4-11 铰孔循环 201 指令参数动作示意图

表 4-5 铰孔循环 201 指令参数名称、含义及示意图

参数	名称	含义	参数示意图节选
Q200	安全高度	刀尖与工件表面之间的距离	
Q201	深度(增量值)	工件表面与孔底之间的距离	
Q206	切入进给速率	铰孔时刀具移动速度,单位为 mm/min	
Q211	在孔底处的停顿时间	刀具在孔底的停留时间,以 s 为单位,输入范围为 0~3600	

表 4-5（续）

参数	名称	含义	参数示意图节选
Q208	退刀进给速率	刀具自孔中退出的移动速度，单位为 mm/min。如果输入 Q208 = 0，刀具将以铰孔进给速率退刀	
Q203	工件表面坐标（绝对值）	工件表面的坐标	
Q204	第二安全高度（增量值）	刀具不会与工件（夹具）发生碰撞的沿主轴的坐标值	

（三）铰孔循环 201 编程应用

如图 4-12 所示，在（30，20）和（80，50）位置铰削加工深度为 15 的孔。要求：用铰孔循环 201 指令进行编程。

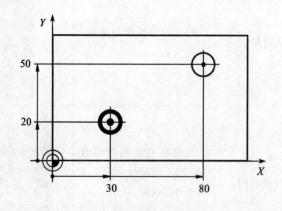

图 4-12　铰孔循环 201 示意图

参考程序节选如下：

……………

```
11  CYCL DEF 201 REAMING
    Q200 = 2                    安全高度
    Q201 = -15                  深度
    Q206 = 100                  切入进给速率
    Q211 = 0.5                  在孔底处的停顿时间
    Q208 = 250                  退刀移动速度
    Q203 = +20                  工件表面坐标
    Q204 = 100                  第二安全高度
12  L X+30 Y+20 FMAX M3
13  CYCL CALL
14  L X+80 Y+50 FMAX M99
15  L Z+100 FMAX M2
```

……………

四、镗孔循环 202

(一) 镗孔循环 202 加工过程

镗孔循环 202 指令用于镗孔加工，先用钻孔指令把孔加工到合适尺寸，再用镗孔指令加工孔，以达到提高被加工孔的表面质量的效果。要使用这个循环，必须由机床制造商对机床和 TNC 系统进行专门设置。这个循环只适用于伺服控制主轴的机床。该循环的孔加工过程如下。

(1) TNC 系统沿刀具轴以快移速度(FMAX)将刀具移至工件表面上的安全高度处。

(2) 刀具以切入进给速率钻孔至编程深度。

(3) 如果编程过程中要求停顿，那么刀具将在孔底处停顿所输入的时间，并保持当前主轴无进给地旋转。

(4) TNC 系统将主轴定向至参数 Q336 定义的位置。

(5) 如果选择了退刀，刀具将沿编程方向退离 0.2 mm(固定值)。

(6) 刀具以退刀速度退刀至安全高度，如果编程了第二安全高度，那么刀具由安全高度处以快速移度移至第二安全高度处。如果 Q214=0，那么刀尖将停留在孔壁上。

(二) 镗孔循环 202 参数解析

镗孔循环 202 指令参数动作见图 4-13，各个参数的名称、含义及示意图见表 4-6。

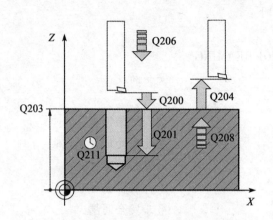

图 4-13 镗孔循环 202 参数动作示意图

表 4-6 镗孔循环 202 指令参数名称、含义及示意图

参数	名称	含义	参数示意图
Q200	安全高度	刀尖与工件表面之间的距离，输入正值	
Q201	深度(增量值)	工件表面与孔底之间的距离	
Q206	切入进给速率	镗孔中的刀具移动速度，单位为 mm/min	
Q211	在孔底处的停顿时间	刀具在孔底的停留时间，以 s 为单位，输入范围为 0~3600	

表 4-6(续)

参数	名称	含义	参数示意图节选
Q208	退刀进给速率	刀具自孔中退出的移动速度。如果输入 Q208 = 0，刀具将以切入进给速率退刀。输入范围为 0 ~ 99999.999，或 FMAX, FAUTO	
Q203	工件表面坐标（绝对值）	工件表面的坐标	
Q204	第二安全高度（增量值）	刀具不会与工件（夹具）发生碰撞的沿主轴的坐标值	
Q214	退离方向	确定 TNC 系统在孔底处的退刀方向（主轴定向之后）。 0：不退刀； 1：沿基本轴负方向退刀； 2：沿辅助轴负方向退刀； 3：沿基本轴正方向退刀； 4：沿辅助轴正方向退刀	

表 4-6（续）

参数	名称	含义	参数示意图
Q336	主轴定向角（绝对值）	退刀前，TNC 系统定位刀具的定向角度。输入范围为 −360.000～360.000	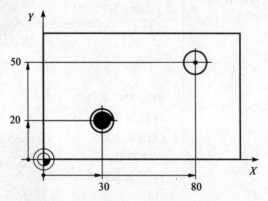

（三）镗孔循环 202 碰撞危险

（1）如果参数 Q201 输入了正值，那么 TNC 系统出现报警信息"检查深度符号"。如果执行正深度程序，那么 TNC 系统将反向计算预定位。也就是说，刀具沿刀具轴用快移速度移至低于工件表面的安全高度处。

（2）编程主轴定向时，应使主轴定向在 Q336 中输入的角度位置，并检查刀尖位置（如在手动数据输入定位操作模式中）。设置角度使刀尖平行于坐标轴方向。

（3）退刀时，TNC 系统自动考虑当前坐标系统的旋转因素。

（四）镗孔循环 202 编程应用

如图 4-14 所示，在(30, 20)和(80, 50)位置镗加工深度为 15 的孔。要求：用镗孔循环 202 指令进行编程。

图 4-14 镗孔循环 202 示意图

参考程序节选如下：
…………
10 L Z+100 R0 FMAX
11 CYCL DEF 202 BORING
    Q200=2   安全高度
    Q201=−15   攻丝深度

Q206 = 100	切入进给速率
Q211 = 0.5	在孔底处的停顿时间
Q208 = 250	退刀进给速率
Q203 = +20	工件表面坐标
Q204 = 100	第二安全高度
Q214 = 1	退离方向
Q336 = 0	主轴角度

12　L X+30 Y+20 FMAX M3

13　CYCL CALL

14　L X+80 Y+50 FMAX M99

…………

五、刚性攻丝循环 207

（一）刚性攻丝循环 207 加工过程

刚性攻丝循环 207 指令用于不用浮动夹头攻丝架的螺纹孔加工，通过一次进给或多次进给加工螺纹。该循环的孔加工过程如下。

（1）TNC 系统沿刀具轴以快移速度（FMAX）将刀具移至工件表面上的安全高度处。

（2）刀具一次进给钻孔至总深度。

（3）刀具一旦达到孔的总深度，主轴将反向旋转，在停顿时间结束时退刀至安全高度处。如果编程了第二安全高度，刀具将以快速移动速度移至第二安全高度处。

（4）TNC 系统将在安全高度处停止主轴转动。

（二）刚性攻丝循环 207 参数解析

刚性攻丝循环 207 指令参数动作见图 4-15，各个参数的名称、含义及示意图见表4-7。

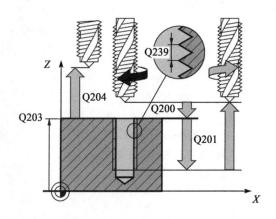

图 4-15　刚性攻丝循环 207 指令参数动作示意图

表 4-7　刚性攻丝循环 207 指令参数名称、含义及示意图

参数	名称	含义	参数示意图
Q200	安全高度	刀尖与工件表面之间的距离，输入正值	
Q201	螺纹深度（增量值）	工件表面与螺纹根部之间的距离	
Q239	螺距	螺纹的螺距。代数符号决定右旋和左旋螺纹："+"为右旋螺纹；"-"为左旋螺纹。输入范围为 -99.9999～99.9999	
Q203	工件表面坐标（绝对值）	工件表面的坐标	
Q204	第二安全高度（增量值）	刀具不会与工件(夹具)发生碰撞的沿主轴的坐标值	

（三）刚性攻丝循环 207 注意事项

（1）要使用这个循环，必须由机床制造商对机床和 TNC 系统进行专门设置。这个循环只适用于伺服控制主轴的机床。

（2）用半径补偿（R0）编程加工面上起点（孔圆心）的定位程序段。

（3）循环参数 DEPTH（深度）的代数符号决定加工方向。如果编程"DEPTH＝0"，那么这个循环将不执行。

（4）TNC 系统用主轴转速计算进给速率。如果攻丝期间使用进给速率倍率调节，那么 TNC 系统自动调整进给速率。螺纹加工时，进给速率倍率调节旋钮不可用。

（5）循环结束时，主轴停止转动。进行下一步操作前，应用 M3（M4）重新启动主轴。

（6）如果在刀具表的 Pitch（螺距）列输入了丝锥螺距，那么 TNC 系统会比较刀具表的螺距与循环中定义的螺距。如果该值不符，TNC 系统显示出错信息。

（7）如果参数 Q201 输入了正值，那么 TNC 系统出现报警信息"检查深度符号"。如果执行正深度程序，那么 TNC 系统将反向计算预定位。也就是说，刀具沿刀具轴用快移速度移至低于工件表面的安全高度处。

（8）程序中断后退刀。如果螺纹加工过程中用机床停止按钮中断程序运行，那么 TNC 系统将显示"MANUAL OPERATION"（手动操作）软键。按下"MANUAL OPERATION"软键，可在程序控制下退刀。此时，只需按下当前主轴的正轴向按钮。

（四）刚性攻丝循环 207 编程应用

如图 4-16 所示，需在（-25，0），（25，0），（0，25），（0，-25）位置进行刚性攻丝加工。要求：用钻孔循环 200 指令和刚性攻丝循环 207 指令进行编程，完成螺纹孔的加工。

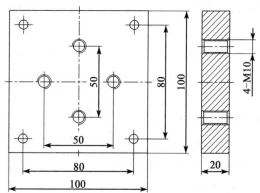

图 4-16　刚性攻丝循环 207 示意图

参考程序如下：

```
0   BEGIN PGM 427 MM
1   BLK FORM 0.1 Z X-50 Y-50 Z-20
2   BLK FORM 0.2 X+50 Y+50 Z+0
3   CYCL DEF 247 DATUM SETTING
```

```
      Q339=+1        ; DATUM NUMBER
  4   TOOL CALL 1 Z S2000 F500                调用 φ8.6 钻头
  5   M13
  6   L Z-5 R0 FMAX M91
  7   L C+0 M91
  8   L A+0 M91
  9   CYCL DEF 200 DRILLING                   钻螺纹底孔
      Q200=+5        ; SET-UP CLEARANCE
      Q201=-25       ; DEPTH
      Q206=+120      ; FEED RATE FOR PLNGNG
      Q202=+5        ; PLUNGING DEPTH
      Q210=+1        ; DWELL TIME AT TOP
      Q203=+0        ; SURFACE COORDINATE
      Q204=+50       ; 2ND SET-UP CLEARANCE
      Q211=+1        ; DWELL TIME AT DEPTH
      Q395=+1        ; DEPTH REFERENCE
 10   LBL 1                                   位置点设置成子程序方便调用
 11   L X-25 Y+0 M89
 12   L X+0 Y-25
 13   L X+25 Y+0
 14   L X+0 Y+25 M99
 15   L Z+100 R0 FMAX
 16   LBL 0
 17   TOOL CALL 2 Z S100 F100                 调用 M10 丝锥
 18   M13
 19   L Z+50
 20   CYCL DEF 207 RIGID TAPPING              攻丝加工
      Q200=+5        ; SET-UP CLEARANCE       安全高度
      Q201=-23       ; DEPTH OF THREAD        加工深度
      Q239=+1.5      ; THREAD PITCH           螺距
      Q203=+0        ; SURFACE COORDINATE     工件表面坐标
      Q204=+50       ; 2ND SET-UP CLEARANCE   第二安全高度
 21   CALL LBL 1                              调用子程序，完成 4 个位置的
                                              攻丝加工
 22   STOP M30
 23   END PGM 427 MM
```

![任务实践]

应用钻孔循环 200、铰孔循环 201 和攻丝循环 207 指令编写图 4-17 所示 ϕ8H7 的孔和 M12 螺纹的加工程序。设工件中心为编程坐标系原点。加工过程：先用 ϕ7.8 钻头钻 ϕ8H7 的底孔，再用 ϕ8H7 铰刀进行铰孔加工，接着用 ϕ10.2 钻头钻 M12 螺纹的底孔，最后用 M12 丝锥进行攻丝加工。

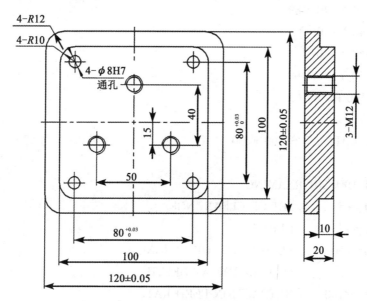

图 4-17 孔加工循环编程工作任务图

参考程序如下：

```
0   BEGIN PGM 4210 MM
1   BLK FORM 0.1 Z X-65 Y-65 Z-20
2   BLK FORM 0.2 X+65 Y+65 Z+0
3   CYCL DEF 247 DATUM SETTING
    Q339 = +1        ; DATUM NUMBER
4   TOOL CALL 1 Z S2000 F500              调用 φ7.8 钻头
5   M13
6   L Z-5 R0 FMAX M91
7   L C+0 M91
8   L A+0 M91
9   CYCL DEF 200 DRILLING                 钻 φ8H7 的底孔
    Q200 = +5        ; SET-UP CLEARANCE
    Q201 = -25       ; DEPTH
    Q206 = +120      ; FEED RATE FOR PLNGNG
    Q202 = +5        ; PLUNGING DEPTH
```

```
    Q210=+1        ; DWELL TIME AT TOP
    Q203=+0        ; SURFACE COORDINATE
    Q204=+50       ; 2ND SET-UP CLEARANCE
    Q211=+1        ; DWELL TIME AT DEPTH
    Q395=+1        ; DEPTH REFERENCE
10  LBL 1                                          4 个 ϕ8H7 的位置坐标
11  L X-40 Y-40 M89
12  L X+40 Y-40
13  L X+40 Y+40
14  L X-40 Y+40 M99
15  L Z+100 R0 FMAX
16  LBL 0
17  TOOL CALL 2 Z S1500 F100                       调用 ϕ8H7 铰刀
18  M13
19  CYCL DEF 201 REAMING
    Q200=+5        ; SET-UP CLEARANCE
    Q201=-25       ; DEPTH
    Q206=+50       ; FEED RATE FOR PLNGNG
    Q211=+0        ; DWELL TIME AT DEPTH
    Q208=+150      ; RETRACTION FEED RATE
    Q203=+0        ; SURFACE COORDINATE
    Q204=+50       ; 2ND SET-UP CLEARANCE
20  CALL LBL 1                                     调用 4 个 ϕ8H7 的位置坐标
21  TOOL CALL 3 Z S2000 F500                       调用 ϕ10.2 钻头
22  M13
23  CYCL DEF 200 DRILLING                          钻 M12 螺纹的底孔
    Q200=+5        ; SET-UP CLEARANCE
    Q201=-25       ; DEPTH
    Q206=+120      ; FEED RATE FOR PLNGNG
    Q202=+5        ; PLUNGING DEPTH
    Q210=+0        ; DWELL TIME AT TOP
    Q203=+0        ; SURFACE COORDINATE
    Q204=+50       ; 2ND SET-UP CLEARANCE
    Q211=+2        ; DWELL TIME AT DEPTH
    Q395=+0        ; DEPTH REFERENCE
24  LBL 2                                          3 个螺纹孔位置坐标
25  L X-25 Y-15 M89
```

26 L X+25 Y−15

27 L X+0 Y+25 M99

28 L Z+100 FMAX

29 LBL 0

30 TOOL CALL 4 Z S100 F100　　　　　　　调用 M12 丝锥

31 M13

32 CYCL DEF 207 RIGID TAPPING　　　　　M12 攻丝循环

　　Q200＝+5　　　; SET-UP CLEARANCE

　　Q201＝−23　　; DEPTH OF THREAD

　　Q239＝+1.5　　; THREAD PITCH

　　Q203＝+0　　　; SURFACE COORDINATE

　　Q204＝+50　　; 2ND SET-UP CLEARANCE

33 CALL LBL 2　　　　　　　　　　　　　　调用 3 个螺纹孔位置坐标

34 STOP M30

35 END PGM 4210 MM

任务三　阵列循环编程应用

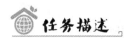

任务描述

　　对位置排列有一定规律的孔或型腔的加工,可以通过阵列循环进行简化编程。阵列循环分直角坐标(线性)阵列和极坐标(圆弧)阵列两类,用于加工方阵排列或沿圆弧排列相同的元素。该循环是定义即生效的循环,不需要循环调用,且可与钻孔循环、攻丝循环、型腔循环、凸台循环等固定循环一起使用。通过本任务的学习,学生可以掌握TNC 系统直角坐标线性阵列循环 221 和极坐标(圆弧)阵列循环 220 指令的用法及参数含义,能编制阵列循环加工程序。

任务目标

　　(1)掌握 TNC 系统阵列加工循环中各个参数的含义及编程注意事项。

　　(2)应用阵列循环指令,编写指定零件的加工程序。

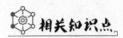相关知识点

一、直角坐标(线性)阵列循环221

在编程模式下单击"[CYCL DEF]"键，启动循环定义，在底部软键区单击"[图案]"软键(见图4-1)，再单击"[221]"软键进入直角坐标(线性)阵列循环221参数设置界面。

(一)直角坐标(线性)阵列循环221指令参数解析

直角坐标(线性)阵列循环221指令参数动作见图4-18，各个参数的名称、含义及示意图见表4-8。

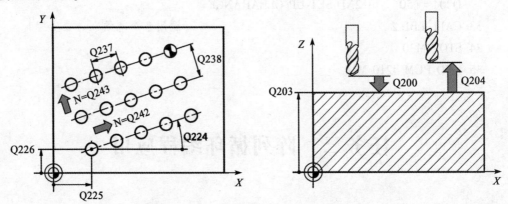

图4-18 直角坐标(线性)阵列循环221指令参数动作示意图

表4-8 直角坐标(线性)阵列循环221指令参数的名称、含义及示意图

参数	名称	含义	参数示意图
Q225	第一轴起点 (绝对值)	加工面上参考轴的起点坐标	
Q226	第二轴起点 (绝对值)	加工面上辅助轴的起点坐标	

表 4-8(续)

参数	名称	含义	参数示意图
Q237	第一轴间距（增量值）	直线上各点间的距离	
Q238	第二轴间距（增量值）	直线间的距离	
Q242	列数	一条直线上的加工次数	
Q243	行数	行数	
Q224	旋转角（绝对值）	旋转整个阵列的角度。旋转中心在起点上	

表 4-8（续）

参数	名称	含义	参数示意图
Q200	安全高度（增量值）	刀尖与工件表面之间的距离	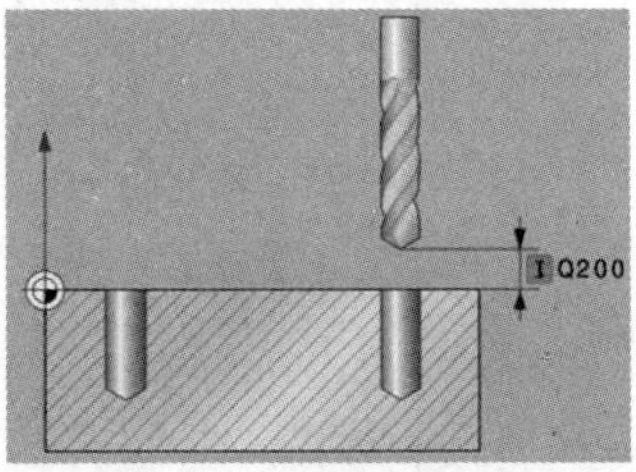
Q203	工件表面坐标（绝对值）	工件表面的坐标	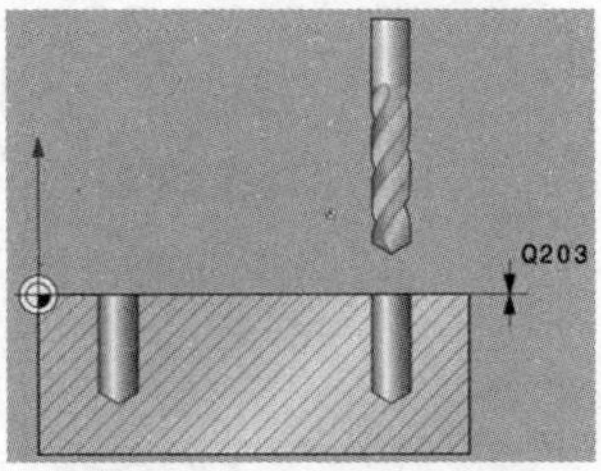
Q204	第二安全高度（增量值）	刀具不会与工件（夹具）发生碰撞的沿主轴的坐标值	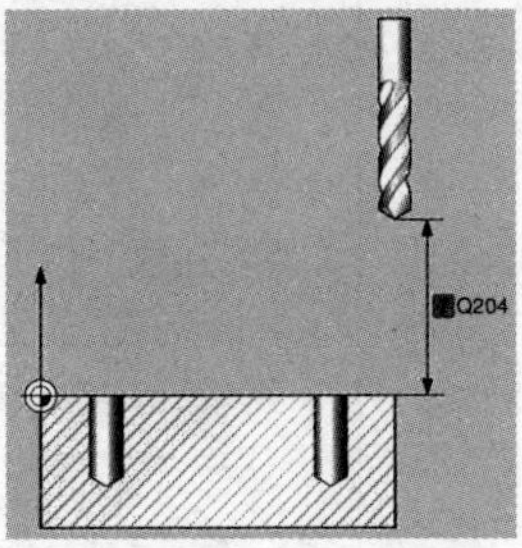
Q301	移至第二安全高度	定义两次加工操作之间测头如何运动。 0：在两次加工操作之间移至安全高度处； 1：在两次加工操作之间移至第二安全高度处	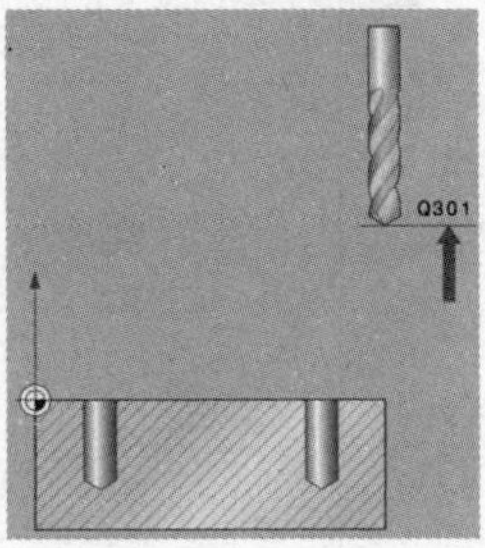

（二）直角坐标（线性）阵列循环 221 编程应用

如图 4-19 所示，应用直角坐标（线性）阵列循环 221 指令完成孔的加工程序的编制，设工件对称中心为编程零点。

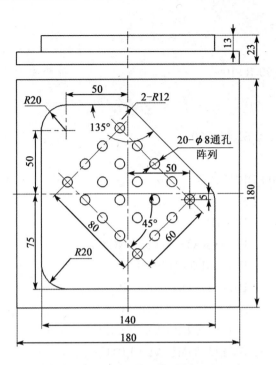

图 4-19 直角坐标(线性)阵列循环 221 示意图

参考程序如下：

0   BEGIN PGM 432 MM

1   BLK FORM 0.1 Z X-90 Y-90 Z-23

2   BLK FORM 0.2 X+90 Y+90 Z+0

3   CYCL DEF 247 DATUM SETTING
     Q339=+1   ; DATUM NUMBER

4   TOOL CALL 3 Z S2000 F500   调用外轮廓加工刀具

5   M13

6   L Z-5 R0 M91

7   L X+0 Y-120

8   L Z-13

9   APPR CT X+0 Y-75 CCA90 R+10 RL F200   外轮廓加工切入点

10   L X-70 Y-75

11   RND R20

12   L Y+70

13   RND R20

14   L X+0 Y+70

15   RND R12

16   L X+70 Y+0

17   RND R12

18　L X+70 Y−75

19　L X+0

20　DEP CT CCA90 R+10　　　　　　　　　　　　外轮廓加工切出点

21　L X+0 Y−120

22　L Z+100

23　TOOL CALL 2 Z S2000 F300　　　　　　　　调用钻孔加工刀具

24　M13

25　CYCL DEF 200 DRILLING　　　　　　　　　调用钻孔循环

　　　Q200=+5　　　; SET-UP CLEARANCE

　　　Q201=−28　　; DEPTH

　　　Q206=+120　; FEED RATE FOR PLNGNG

　　　Q202=+5　　　; PLUNGING DEPTH

　　　Q210=+0　　　; DWELL TIME AT TOP

　　　Q203=+0　　　; SURFACE COORDINATE

　　　Q204=+10　　; 2ND SET-UP CLEARANCE

　　　Q211=+0　　　; DWELL TIME AT DEPTH

　　　Q395=+0　　　; DEPTH REFERENCE

26　CYCL DEF 221 CARTESIAN PATTERN　　　调用线性阵列循环

　　　Q225=+50　　; STARTNG PNT 1ST AXIS　　起始点的第一轴坐标

　　　Q226=−5　　　; STARTNG PNT 2ND AXIS　起始点的第二轴坐标

　　　Q237=−20　　; SPACING IN 1ST AXIS　　在第一个轴上的间距，阵列方向
　　　　　　　　　　　　　　　　　　　　　　　　　与坐标轴正向相反，数值为
　　　　　　　　　　　　　　　　　　　　　　　　　负

　　　Q238=+20　　; SPACING IN 2ND AXIS　　在第二个轴上的间距

　　　Q242=+4　　　; NUMBER OF COLUMNS　　列数

　　　Q243=+5　　　; NUMBER OF LINES　　　行数

　　　Q224=+45　　; ANGLE OF ROTATION　　旋转角度，逆时针为正

　　　Q200=+2　　　; SET-UP CLEARANCE　　安全高度

　　　Q203=+0　　　; SURFACE COORDINATE　工件表面坐标

　　　Q204=+10　　; 2ND SET-UP CLEARANCE　第二安全高度

　　　Q301=+1　　　; MOVE TO CLEARANCE　　两次加工间移至第二安全高度

27　L Z+100

28　STOP M30

29　END PGM 432 MM

二、极坐标（圆形）阵列循环220

在编程模式下单击"^{CYCL}_{DEF}"键启动循环定义，在底部软键区单击" "软键（见图

4-1)，再单击""软键进入极坐标(圆形)阵列循环 220 参数设置界面。

（一）极坐标(圆形)阵列循环 220 指令参数解析

极坐标(圆形)阵列循环 220 指令参数动作见图 4-20，各个参数的名称、含义及示意图见表 4-9。

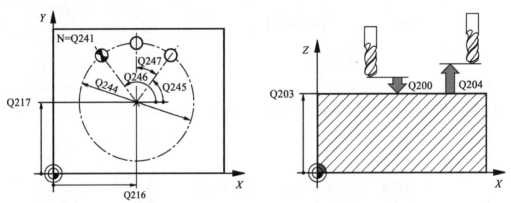

图 4-20 极坐标(圆形)阵列循环 220 指令参数动作示意图

表 4-9 极坐标(圆形)阵列循环 220 指令参数的名称、含义及示意图

参数	名称	含义	参数示意图
Q216	第一轴中心（绝对值）	相对加工面参考轴的节圆圆心	
Q217	第二轴中心（绝对值）	相对加工面辅助轴的节圆圆心	

表 4-9(续)

参数	名称	含义	参数示意图
Q244	节圆直径	节圆直径大小	
Q245	起始角 (绝对值)	加工面参考轴与节圆上第一次加工起点位置之间的角度。输入范围为 −360.000 ~ 360.000	
Q246	终止角 (绝对值)	加工面参考轴与节圆上最后一次加工起点位置之间的角度(不适用于整圆)。终止角与起始角的输入值不能相同。如果输入的终止角大于起始角,将沿逆时针方向加工;否则,将沿顺时针方向加工。输入范围为−360.000~360.000	
Q247	角度步长 (增量值)	节圆上两次加工位置间的角度。如果输入的角度步长为0,TNC 系统将根据起始角和终止角及阵列的重复次数计算角度步长。如果输入非 0 值,TNC 系统将不考虑终止角。角度步长的代数符号决定加工方向(负值为顺时针)。输入范围为−360.000~360.000	

表 4-9(续)

参数	名称	含义	参数示意图
Q241	重复次数	在节圆上的加工次数。输入范围为 1~99999	
Q200	安全高度 (增量值)	刀尖与工件表面之间的距离	
Q203	工件表面坐标 (绝对值)	工件表面的坐标	
Q204	第二安全高度 (增量值)	刀具不会与工件(夹具)发生碰撞的沿主轴的坐标值	
Q301	移至第二安全高度	定义两次加工操作之间测头如何运动。 0：在两次加工操作之间移至安全高度处； 1：在两次加工操作之间移至第二安全高度处	

表 4-9（续）

参数	名称	含义	参数示意图
Q365	运动类型	定义两次加工操作之间刀具运动的路径类型。 0：两次加工操作之间沿直线运动； 1：两次加工操作之间在节圆上沿圆弧运动	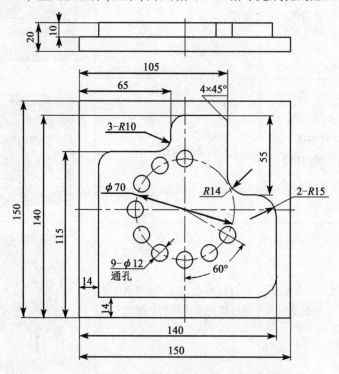

（二）极坐标（圆形）阵列循环 220 编程应用

如图 4-21 所示，应用极坐标（圆形）阵列循环 220 指令完成孔的加工程序的编制。

图 4-21 极坐标（圆形）阵列循环 220 示意图

参考程序如下：

```
0    BEGIN PGM 434 MM
1    BLK FORM 0.1 Z X+0 Y+0 Z-20
2    BLK FORM 0.2 X+150 Y+150 Z+0
3    CYCL DEF 247 DATUM SETTING
     Q339=+1        ; DATUM NUMBER
```

4　TOOL CALL 1 Z S2000 F500　　　　　调用外轮廓加工刀具

5　M13

6　L Z-5 R0 M91

7　L X+0 Y-30

8　L Z-10

9　APPR LT X+14 Y+14 LEN30 RL F200　　外轮廓加工切入位置

10　L X+14 Y+115

11　RND R10

12　L X+65

13　RND R10

14　L Y+140

15　RND R10

16　L X+105 Y+140

17　CHF 4

18　L IY-55

19　RND R14

20　L X+140

21　RND R15

22　L X+140 Y+14

23　RND R15

24　L X+14

25　DEP LT LEN30　　　　　　　　　　　外轮廓加工切出位置

26　L X+0 Y-30

27　L Z+100

28　TOOL CALL 2 Z S2000 F300　　　　　调用钻孔加工刀具

29　M13

30　CYCL DEF 200 DRILLING　　　　　　调用钻孔循环

　　Q200=+5　　　; SET-UP CLEARANCE

　　Q201=-28　　; DEPTH

　　Q206=+120　; FEED RATE FOR PLNGNG

　　Q202=+5　　　; PLUNGING DEPTH

　　Q210=+0　　　; DWELL TIME AT TOP

　　Q203=+0　　　; SURFACE COORDINATE

　　Q204=+10　　; 2ND SET-UP CLEARANCE

　　Q211=+0　　　; DWELL TIME AT DEPTH

　　Q395=+0　　　; DEPTH REFERENCE

31　CYCL DEF 220 POLAR PATTERN　　　调用圆形阵列循环

```
        Q216 = +75      ; CENTER IN 1ST AXIS      中心第一轴坐标
        Q217 = +75      ; CENTER IN 2ND AXIS      中心第二轴坐标
        Q244 = +70      ; PITCH CIRCLE DIAMETR    节圆直径
        Q245 = +90      ; STARTING ANGLE          起始角度
        Q246 = +240     ; STOPPING ANGLE          停止角度
        Q247 = +30      ; STEPPING ANGLE          中间步进角
        Q241 = +9       ; NR OF REPETITIONS       往复次数
        Q200 = +5       ; SET-UP CLEARANCE        安全高度
        Q203 = +0       ; SURFACE COORDINATE      工件表面坐标
        Q204 = +50      ; 2ND SET-UP CLEARANCE    第二安全高度
        Q301 = +1       ; MOVE TO CLEARANCE       两次加工间移至第二安全高度
        Q365 = +0       ; TYPE OF TRAVERSE        移动类型，直线
   32 L Z+100
   33 STOP M30
   34 END PGM 434 MM
```

三、阵列循环编程注意事项

（1）当阵列循环与加工循环组合使用时，应先定义加工循环，再定义阵列循环。

（2）阵列循环定义即生效，如果阵列循环与固定循环 200~209、265 或 267 中的任何一个循环组合使用，那么阵列循环中定义的安全高度、工件表面和第二安全高度适用于所选固定循环。

（3）加工阵列定位的元素时，机床将自动定位到阵列定义的第一点位置。

（4）如果循环 254（圆弧槽）与阵列循环 221 一起使用，不允许槽位置为 0。

（5）当孔、型腔、凸台等加工循环要用多把刀具进行加工时，可以把阵列循环设置成子程序，以方便调用。

任务实践

应用钻孔循环指令、阵列循环指令编写如图 4-22 所示 φ5 的孔和 M6 螺纹的加工程序，设工件左下角为编程坐标系原点。编写 φ5 孔加工程序时，同时调用阵列循环 220 和 221 指令。编写 M6 螺纹孔加工程序时，用 φ4.9 钻头钻底孔，调用阵列循环 221 指令。然后用 M12 丝锥进行攻丝加工，调用阵列循环 221 指令。因此两次都调用同一个阵列循环，把这个循环设置成子程序，以简化编程。

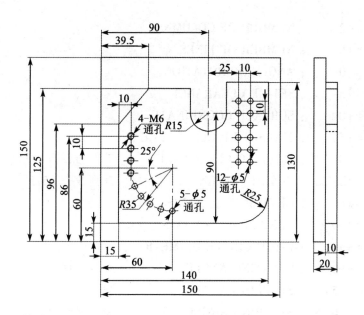

图 4-22 阵列循环工作任务图

参考程序节选：

…………

7	TOOL CALL 1 Z S1800 F500	调用 ϕ5 钻头

8 M13

9	LBL 1	子程序，简化螺纹底孔加工编程

10	CYCL DEF 200 DRILLING	钻孔循环

Q200 = +5 ; SET-UP CLEARANCE

Q201 = −25 ; DEPTH

Q206 = +120 ; FEED RATE FOR PLNGNG

Q202 = +5 ; PLUNGING DEPTH

Q210 = +0 ; DWELL TIME AT TOP

Q203 = +0 ; SURFACE COORDINATE

Q204 = +50 ; 2ND SET-UP CLEARANCE

Q211 = +0 ; DWELL TIME AT DEPTH

Q395 = +0 ; DEPTH REFERENCE   孔间抬刀高度为 Q200 参数高度

11 LBL 0

12	CYCL DEF 221 CARTESIAN PATTERN	阵列 12 个 ϕ5 孔

Q225 = +115 ; STARTNG PNT 1ST AXIS

Q226 = +115 ; STARTNG PNT 2ND AXIS

Q237 = +10 ; SPACING IN 1ST AXIS

Q238 = −10 ; SPACING IN 2ND AXIS   孔间距，负号表示向坐标轴负向阵列

```
        Q242 = +2        ; NUMBER OF COLUMNS
        Q243 = +6        ; NUMBER OF LINES
        Q224 = +0        ; ANGLE OF ROTATION
        Q200 = +5        ; SET-UP CLEARANCE
        Q203 = +0        ; SURFACE COORDINATE
        Q204 = +50       ; 2ND SET-UP CLEARANCE
        Q301 = +0        ; MOVE TO CLEARANCE        孔间抬刀高度为 Q200 参数高度
   13 CYCL DEF 220 POLAR PATTERN                   阵列 5 个 φ5 孔
        Q216 = +60       ; CENTER IN 1ST AXIS
        Q217 = +60       ; CENTER IN 2ND AXIS
        Q244 = +70       ; PITCH CIRCLE DIAMETR
        Q245 = -90       ; STARTING ANGLE           起始角度
        Q246 = -155      ; STOPPING ANGLE           停止角度
        Q247 = -16.25    ; STEPPING ANGLE           中间步进角，负号为顺时针方向
                                                    阵列

        Q241 = +5        ; NR OF REPETITIONS
        Q200 = +5        ; SET-UP CLEARANCE
        Q203 = +0        ; SURFACE COORDINATE
        Q204 = +50       ; 2ND SET-UP CLEARANCE
        Q301 = +0        ; MOVE TO CLEARANCE
        Q365 = +0        ; TYPE OF TRAVERSE
   14 L Z+100
   15 TOOL CALL 2 Z S1800 F500                     调用 φ4.9 钻头
   16 M13
   17 CALL LBL 1                                    调用钻孔循环子程序，加工螺纹
                                                    底孔

   18 LBL 2
   19 CYCL DEF 221 CARTESIAN PATTERN               4 个 M6 孔阵列
        Q225 = +25       ; STARTNG PNT 1ST AXIS
        Q226 = +86       ; STARTNG PNT 2ND AXIS
        Q237 = +0        ; SPACING IN 1ST AXIS
        Q238 = -10       ; SPACING IN 2ND AXIS
        Q242 = +0        ; NUMBER OF COLUMNS
        Q243 = +4        ; NUMBER OF LINES
        Q224 = +0        ; ANGLE OF ROTATION
        Q200 = +5        ; SET-UP CLEARANCE
        Q203 = +0        ; SURFACE COORDINATE
```

```
      Q204 = +50      ; 2ND SET-UP CLEARANCE
      Q301 = +1       ; MOVE TO CLEARANCE              孔间抬刀高度为 Q204 参数高度
20  L Z+100 FMAX
21  LBL 0
22  TOOL CALL 3 Z S100 F500                            调用 M6 丝锥
23  M13
24  CYCL DEF 207 RIGID TAPPING                         攻丝循环，加工
      Q200 = +5       ; SET-UP CLEARANCE
      Q201 = -22      ; DEPTH OF THREAD
      Q239 = +1       ; THREAD PITCH
      Q203 = +0       ; SURFACE COORDINATE
      Q204 = +50      ; 2ND SET-UP CLEARANCE
25  CALL LBL 2                                         调用加工 4 个 M6 孔阵列循环子
                                                       程序
…………
```

任务四　型腔/凸台/凹槽铣削循环编程应用

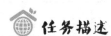**任务描述**

型腔/凸台/凹槽铣削循环用于铣削加工规则形状的型腔、凸台和槽等特征，包括矩形型腔 251、圆弧型腔 252、铣槽 253、圆弧槽 254、矩形凸台 256、圆弧凸台 257、多边形凸台 258、端面铣削 233。通过参数设置进行型腔/凸台/凹槽的粗、精铣削加工，或者单独粗铣加工或精铣加工。通过本任务的学习，学生可以掌握 TNC 系统型腔/凸台/凹槽铣削循环指令的用法及参数含义，能编制型腔/凸台/凹槽等铣削循环加工程序。

**任务目标**

（1）掌握 TNC 系统型腔/凸台/凹槽铣削循环中各个参数的含义及编程注意事项。
（2）应用型腔/凸台/凹槽铣削循环指令编写指定零件的加工程序。

相关知识点

一、型腔铣削/凸台铣削/凹槽铣削基础知识

在编程模式下单击" CYCL DEF "键启动循环定义，在底部软键区单击" 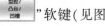 "软键（见图

4-1），进入型腔/凸台/凹槽铣削循环选择界面，见图 4-23。

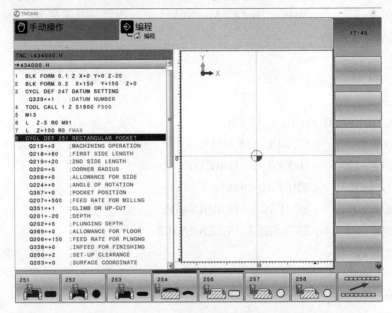

图 4-23　型腔/凸台/凹槽铣削循环选择界面

常用型腔/凸台/凹槽铣削循环图标及功能见表 4-10。

表 4-10　型腔/凸台/凹槽铣削循环一览表

循环编号	名称	软键图例	功能
251	矩形型腔铣削循环	251	矩形型腔粗加工/精加工循环（螺旋线方式切入工件）
252	圆弧型腔铣削循环	252	圆弧型腔粗加工/精加工循环（螺旋线方式切入工件）
253	槽铣削循环	253	槽形型腔粗加工/精加工循环（往复方式切入工件）
254	圆弧槽铣削循环	254	圆弧槽型腔粗加工/精加工循环（往复方式切入工件）
256	矩形凸台铣削循环	256	矩形凸台粗铣/精铣循环，如果要求多道加工，以步长值进刀

表 4-10(续)

循环编号	名称	软键图例	功能
257	圆弧凸台铣削循环		圆弧凸台粗铣/精铣循环,如果要求多道加工,以步长值进刀
258	多边形凸台铣削循环		多边形凸台粗铣/精铣循环,如果要求多道加工,以步长值进刀
233	端面铣削循环		端面铣削循环,用于使用多道进给铣平端面,同时考虑精铣余量

二、矩形型腔铣削循环 251

(一)矩形型腔铣削循环 251 加工过程

矩形型腔铣削循环 251 用于加工完整矩形型腔。对其定义不同的循环参数和加工方式,能进行以下 5 种加工。

(1)完整加工:粗铣、底面精铣和侧面精铣。

(2)仅粗铣:只进行粗铣加工。

(3)仅精铣:只进行底面精铣和侧面精铣。

(4)仅底面精铣:只进行底面精加工。

(5)仅侧面精铣:只进行侧面精加工。

矩形型腔铣削循环 251 的加工过程如下。

1. 粗铣加工走刀过程

(1)刀具由型腔中心位置切入工件并进刀至第一切入深度,用参数 Q366 定义切入方式。

(2)TNC 系统由内向外粗铣型腔,应考虑行距系数(参数 Q370)和精铣余量(参数 Q368 和 Q369)。

(3)粗加工后,TNC 系统沿切线使刀具离开型腔壁,然后移至当前进给深度上方的安全高度处,再由此处以快速移动速度移至型腔中心。

(4)重复步骤(3),直至达到编程的型腔深度。

2. 精铣加工走刀过程

(1)如果定义了精加工余量,刀具在型腔中心位置切入工件并运动到精加工的切入深度。TNC 系统首先精加工型腔壁，根据需要可用多次进给，相切接近型腔壁。

（2）TNC 系统由内向外精铣型腔底面，相切接近型腔底面。

（二）矩形型腔铣削循环 251 参数解析

矩形型腔铣削循环 251 指令各个参数的名称、含义及示意图见表 4-11。

表 4-11　矩形型腔铣削循环 251 指令参数的名称、含义及示意图

参数	名称	含义	参数示意图
Q215	加工方式	定义加工方式。 0：粗加工和精加工； 1：仅粗铣； 2：仅精加工。 只有有特定余量值（Q368，Q369）定义，才进行侧面和底面精铣	
Q218	第一侧边长度（增量值）	型腔长度，平行于加工面的参考轴	
Q219	第二侧边长度（增量值）	型腔长度，平行于加工面的辅助轴	
Q220	角点半径	型腔角的半径大小。如果在此输入 0，TNC 系统将假定角点半径等于刀具半径	

表 4–11(续)

参数	名称	含 义	参数示意图
Q368	侧面精铣余量 (增量值)	精铣加工面上的余量	
Q224	旋转角 (绝对值)	旋转整个加工的角度。旋转中心是调用循环时刀具所处的位置。输入范围为 −360.0000~360.0000	
Q367	型腔位置	调用循环时,型腔相对刀具的位置。 0:刀具位置为型腔中心; 1:刀具位置为左下角; 2:刀具位置为右下角; 3:刀具位置为右上角; 4:刀具位置为左上角	
Q207	铣削进给速率	铣削时刀具移动速度,单位为 mm/min	
Q351	顺铣或逆铣	用 M03 铣削的加工类型。 +1:顺铣; −1:逆铣	

表 4-11（续）

参数	名称	含义	参数示意图
Q201	深度 （增量值）	工件表面与矩形型腔底部之间的距离	
Q202	切入深度 （增量值）	每刀进给量，输入大于 0 的值	
Q369	底面精铣余量 （增量值）	沿刀具轴的精铣余量	
Q206	切入进给速率	刀具移至深度处的移动速度，单位为 mm/min	
Q338	精铣进给量 （增量值）	每刀进给量。 Q338＝0：一次进给精铣	

表 4-11(续)

参数	名称	含义	参数示意图
Q200	安全高度 (增量值)	刀尖与工件表面之间的距离	
Q203	工件表面坐标 (绝对值)	工件表面的坐标	
Q204	第二安全高度 (增量值)	刀具不会与工件(夹具)发生碰撞的沿主轴的坐标值	
Q370	路径行距系数	Q370×R(刀具半径)=k(步长系数)。输入范围为 0.1~1.414	

表 4-11(续)

参数	名称	含义	参数示意图
Q366	切入方式	切入方式类型。 0：垂直切入。TNC 系统垂直切入，不用刀具表中定义的切入角 ANGLE(角)。 1：螺旋切入。在刀具表中，当前刀具的切入角 ANGLE(角)必须定义为非 0°，否则，TNC 系统生成出错信息。 2：往复切入。在刀具表中，当前刀具的切入角 ANGLE(角)必须定义为非 0°，否则，TNC 系统生成出错信息。往复长度取决于切入角度。TNC 系统使用的最小值为刀具直径的 2 倍	
Q385	精铣进给速率	精铣侧面和底面的刀具移动速度，单位为 mm/min	
Q439	定义编程进给速率的参考值	进给速率参考。 0：进给速率是指刀具中心点的速率。 1：仅在侧面精加工时，进给速率指刀具切削刃速率；否则，指沿中心点运动的速率。 2：侧面和底面精加工中，进给速率指切削刃速率；否则，指中心点运动速率。 3：进给速率仅指刀具切削刃速率	

（三）矩形型腔铣削循环 251 编程应用

应用矩形型腔铣削循环 251 指令完成如图 4-24 所示的 60 mm×40 mm 和 2 个
30 mm×30 mm 型腔的加工程序的编制，其中 φ8 孔不用编写加工程序。

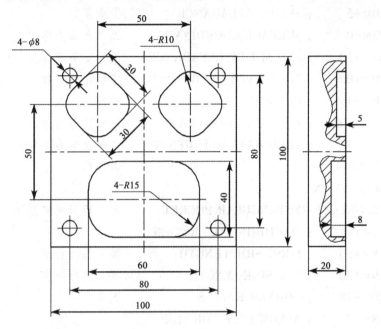

图 4-24 矩形型腔铣削循环 251 零件加工图

参考程序节选如下：
…………

4	TOOL CALL 1 Z S1800 F500	调用立铣刀
5	M13	
6	L Z+100 R0 FMAX	
7	L X+0 Y-25	矩形中心位置点坐标
8	CYCL DEF 251 RECTANGULAR POCKET	定义矩形型腔循环
	Q215 = +0 ; MACHINING OPERATION	加工方式，粗加工和精加工
	Q218 = +60 ; FIRST SIDE LENGTH	第一侧边长度
	Q219 = +40 ; 2ND SIDE LENGTH	第二侧边长度
	Q220 = +15 ; CORNER RADIUS	圆角半径
	Q368 = +2 ; ALLOWANCE FOR SIDE	侧面精铣余量
	Q224 = +0 ; ANGLE OF ROTATION	旋转角度
	Q367 = +0 ; POCKET POSITION	型腔定位基准位置
	Q207 = +250 ; FEED RATE FOR MILLNG	铣削进给速率
	Q351 = +1 ; CLIMB OR UP-CUT	顺铣
	Q201 = -5 ; DEPTH	型腔深度

Q202 = +4	; PLUNGING DEPTH	切入深度
Q369 = +1.5	; ALLOWANCE FOR FLOOR	底面精铣余量
Q206 = +150	; FEED RATE FOR PLNGNG	切入进给速率
Q338 = +8	; INFEED FOR FINISHING	精铣进给量
Q200 = +5	; SET-UP CLEARANCE	安全高度
Q203 = +0	; SURFACE COORDINATE	工件表面坐标
Q204 = +50	; 2ND SET-UP CLEARANCE	第二安全高度
Q370 = +0.6	; TOOL PATH OVERLAP	路径行距系数
Q366 = +1	; PLUNGE	螺旋线切入
Q385 = +300	; FINISHING FEED RATE	精铣进给速率
Q439 = +1	; FEED RATE REFERENCE	进给速率的参考值

9 CYCL CALL   循环调用

10 L Z+100 FMAX

11 CYCL DEF 251 RECTANGULAR POCKET   定义矩形型腔循环

Q215 = +0	; MACHINING OPERATION	
Q218 = +30	; FIRST SIDE LENGTH	第一侧边长度
Q219 = +30	; 2ND SIDE LENGTH	第二侧边长度
Q220 = +10	; CORNER RADIUS	圆角半径
Q368 = +2	; ALLOWANCE FOR SIDE	
Q224 = +45	; ANGLE OF ROTATION	型腔旋转角度
Q367 = +0	; POCKET POSITION	
Q207 = +250	; FEED RATE FOR MILLNG	
Q351 = +1	; CLIMB OR UP-CUT	
Q201 = −8	; DEPTH	
Q202 = +4	; PLUNGING DEPTH	
Q369 = +1.5	; ALLOWANCE FOR FLOOR	
Q206 = +150	; FEED RATE FOR PLNGNG	
Q338 = +8	; INFEED FOR FINISHING	
Q200 = +5	; SET-UP CLEARANCE	
Q203 = +0	; SURFACE COORDINATE	
Q204 = +50	; 2ND SET-UP CLEARANCE	
Q370 = +0.6	; TOOL PATH OVERLAP	
Q366 = +1	; PLUNGE	
Q385 = +300	; FINISHING FEED RATE	
Q439 = +0	; FEED RATE REFERENCE	

12 L X−25 Y+25 M99   定义矩形型腔中心位置并调用该循环

13 L X+25 Y+25 M99　　　　　　　　定义矩形型腔中心位置并调用该
　　　　　　　　　　　　　　　　　　　循环

14 L Z+100 FMAX

…………

三、圆弧型腔铣削循环 252

(一) 圆弧型腔铣削循环 252 加工过程

圆弧型腔铣削循环 252 用于加工完整圆弧型腔。对其定义不同的循环参数和加工方式，能进行以下 5 种加工。

(1)完整加工：粗铣、底面精铣和侧面精铣。

(2)仅粗铣：只进行粗铣加工。

(3)仅精铣：只进行底面精铣和侧面精铣。

(4)仅底面精铣：只进行底面精加工。

(5)仅侧面精铣：只进行侧面精加工。

圆弧型腔铣削循环 252 加工过程如下。

1. 粗铣加工走刀过程

(1)TNC 系统先用快移速度将刀具运动到工件表面上方的安全高度 Q200 位置。

(2)刀具在型腔中心位置进刀切入到第一切入深度，用参数 Q366 指定切入方式。

(3)TNC 系统由内向外粗铣型腔，考虑行距系数(参数 Q370)和精铣余量(参数 Q368 和 Q369)。

(4)粗加工结束时，TNC 系统沿相切路径使刀具在加工面中离开型腔壁 Q200 的安全高度距离，然后用快移速度退刀 Q200 的距离，并从该位置以快移速度返回型腔中心位置。

(5)重复步骤(4)，直至达到编程的型腔深度，加工中应考虑精加工余量。

(6)如果只编程了粗加工(Q215＝1)，那么刀具沿相切路径离开型腔壁安全距离 Q200 的尺寸，然后沿刀具轴用快移速度退刀至第二安全高度 Q200 的尺寸，并用快移速度返回型腔中心位置。

2. 精铣加工走刀过程

(1)如果定义了精铣余量和指定了进给次数，TNC 系统用指定次数的进给精铣型腔壁。

(2)TNC 系统使刀具沿刀具轴定位在型腔壁的前方位置，考虑精加工余量 Q368 及安全高度 Q200。

(3)TNC 系统从内向外加工型腔，直至达到直径 Q223 尺寸。

(4)TNC 系统再次将刀具沿刀具轴定位型腔壁前方位置，考虑精加工余量 Q368 和安全高度 Q200，并用下个深度重复精加工型腔壁。

（5）TNC 系统重复步骤（4），直至达到编程的直径。

（6）加工到直径 Q223 后，TNC 系统将刀具在加工面中沿相切路径退刀到精加工余量 Q368 与安全高度 Q200 之和的尺寸位置，然后用快移速度沿刀具轴退刀到安全高度 Q200 并返回型腔中心位置。

（7）TNC 系统将刀具沿刀具轴运动到深度 Q201 位置并从内向外精加工型腔底面，相切接近型腔底面。

（8）TNC 系统重复步骤（7），直至达到深度 Q201 与 Q369 之和的尺寸。

（9）刀具沿相切路径离开型腔壁安全距离 Q200 的尺寸，然后沿刀具轴用快移速度退刀至安全高度 Q200 的尺寸，并用快移速度返回型腔中心位置。

（二）圆弧型腔铣削循环 252 参数解析

圆弧型腔铣削循环 252 指令各个参数的名称、含义及示意图见表 4-12。

表 4-12　圆弧型腔铣削循环 252 指令参数的名称、含义及示意图

参数	名称	含义	参数示意图
Q215	加工方式	定义加工方式。 0：粗加工和精加工； 1：仅粗铣； 2：仅精加工。 只有有特定余量值（Q368，Q369）定义，才进行侧面和底面精铣	
Q223	圆直径	精铣圆弧型腔的直径	
Q368	侧面精铣余量（增量值）	精铣加工面上的余量	

4-56

表 4-12(续)

参数	名称	含义	参数示意图
Q207	铣削进给速率	铣削时刀具移动速度,单位为 mm/min	
Q351	顺铣或逆铣	用 M03 铣削的加工类型。 +1:顺铣; -1:逆铣	
Q201	深度 (增量值)	工件表面与圆弧型腔底部之间的距离	
Q202	切入深度 (增量值)	每刀进给量,输入大于 0 的值	

表 4-12(续)

参数	名称	含义	参数示意图
Q369	底面精铣余量（增量值）	沿刀具轴的精铣余量	
Q206	切入进给速率	刀具移至深度处的移动速度，单位为 mm/min	
Q338	精铣进给量（增量值）	每刀进给量。Q338=0：一次进给精铣	
Q200	安全高度（增量值）	刀尖与工件表面之间的距离	

表 4-12(续)

参数	名称	含义	参数示意图
Q203	工件表面坐标 (绝对值)	工件表面的坐标	
Q204	第二安全高度 (增量值)	刀具不会与工件(夹具)发生碰撞的沿主轴的坐标值	
Q370	路径行距系数	Q370×R(刀具半径)=k(步长系数)。输入范围为 0.1～1.9999	
Q366	切入方式	切入方式类型。 0：垂直切入。在刀具表中，当前刀具的切入角 ANGLE(角)必须定义为 0°或 90°；否则，TNC 系统将显示出错信息。 1：螺旋切入。在刀具表中，当前刀具的切入角 ANGLE(角)必须定义为非 0°；否则，TNC 系统将显示出错信息	

表 4-12（续）

参数	名称	含义	参数示意图
Q385	精铣进给速率	精铣侧面和底面的刀具移动速度，单位为 mm/min	
Q439	定义编程进给速率的参考值	进给速率参考。 0：进给速率是指刀具中心点的速率。 1：仅在侧面精加工时，进给速率指刀具切削刃速率；否则，指沿中心点运动的速率。 2：侧面和底面精加工中，进给速率是指切削刃速率；否则，指中心点运动速率。 3：进给速率仅指刀具切削刃速率	

（三）圆弧型腔铣削循环 252 编程应用

应用圆弧型腔铣削循环 252 指令，编写如图 4-25 所示的 2 个 φ32 圆形型腔的加工程序。

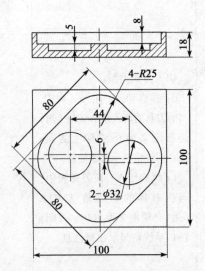

图 4-25　圆弧型腔铣削循环 252 零件加工图

参考程序节选如下：

…………

4　TOOL CALL 1 Z S2000 F500

5　M13

6　L Z+100 R0 FMAX

7　L X+0 Y+0　　　　　　　　　　　　定位矩形型腔中心点

8　CYCL DEF 251 RECTANGULAR POCKET　　定义矩形型腔铣削循环

　　Q215 = +0　　　; MACHINING OPERATION

　　Q218 = +80　　; FIRST SIDE LENGTH

　　Q219 = +80　　; 2ND SIDE LENGTH

　　Q220 = +25　　; CORNER RADIUS

　　Q368 = +2　　; ALLOWANCE FOR SIDE

　　Q224 = +45　　; ANGLE OF ROTATION

　　Q367 = +0　　; POCKET POSITION

　　Q207 = +200　; FEED RATE FOR MILLNG

　　Q351 = +1　　; CLIMB OR UP-CUT

　　Q201 = −8　　; DEPTH

　　Q202 = +4　　; PLUNGING DEPTH

　　Q369 = +1.5　; ALLOWANCE FOR FLOOR

　　Q206 = +150　; FEED RATE FOR PLNGNG

　　Q338 = +8　　; INFEED FOR FINISHING

　　Q200 = +5　　; SET-UP CLEARANCE

　　Q203 = +0　　; SURFACE COORDINATE

　　Q204 = +50　; 2ND SET-UP CLEARANCE

　　Q370 = +1.2　; TOOL PATH OVERLAP

　　Q366 = +1　　; PLUNGE

　　Q385 = +300　; FINISHING FEED RATE

　　Q439 = +2　　; FEED RATE REFERENCE

9　CYCL CALL　　　　　　　　　　　矩形型腔循环调用

10　L Z+100 FMAX

11　TOOL CALL 2 Z S300 F500

12　M13

13　CYCL DEF 252 CIRCULAR POCKET　　定义圆形型腔铣削循环

　　Q215 = +0　　; MACHINING OPERATION　加工方式

　　Q223 = +32　; CIRCLE DIAMETER　圆弧型腔直径

　　Q368 = +1.5　; ALLOWANCE FOR SIDE　侧面精铣余量

　　Q207 = +300　; FEED RATE FOR MILLNG　铣削进给速率

Q351 = +1	; CLIMB OR UP-CUT	顺铣
Q201 = −5	; DEPTH	深度
Q202 = +2.5	; PLUNGING DEPTH	切入深度
Q369 = +1	; ALLOWANCE FOR FLOOR	底面精铣余量
Q206 = +150	; FEED RATE FOR PLNGNG	切入进给速率
Q338 = +5	; INFEED FOR FINISHING	精铣进给量
Q200 = +5	; SET-UP CLEARANCE	安全高度
Q203 = −8	; SURFACE COORDINATE	工件表面坐标
Q204 = +50	; 2ND SET-UP CLEARANCE	第二安全高度
Q370 = +1.2	; TOOL PATH OVERLAP	路径行距系数
Q366 = +1	; PLUNGE	切入方式
Q385 = +300	; FINISHING FEED RATE	精铣进给速率
Q439 = +2	; FEED RATE REFERENCE	定义编程进给速率的参考值

14 L X−22 Y+3 M99   定义圆形型腔中心位置并调用该循环

15 L X+22 Y−3 M99   定义圆形型腔中心位置并调用该循环

16 L Z+100 FMAX

…………

四、槽铣削循环 253

（一）槽铣削循环 253 加工过程

槽铣削循环 253 用于加工完整的直槽。对其定义不同的循环参数和加工方式，能进行以下 5 种加工。

（1）完整加工：粗加工和精加工（底面和侧面精加工）。

（2）仅粗铣：只进行粗铣加工。

（3）仅精铣：只进行底面精铣和侧面精铣。

（4）仅底面精铣：只进行底面精加工。

（5）仅侧面精铣：只进行侧面精加工。

槽铣削循环 253 的加工过程如下。

1. 粗铣加工走刀过程

（1）由槽左圆弧中心开始，刀具以刀具表中定义的切入角方向往复运动并移至第一进给深度，用参数 Q366 指定切入方式。

（2）TNC 系统系统由内向外粗铣槽并考虑精铣余量（参数 Q368 和 Q369）。

（3）重复步骤（2），直至达到编程的槽深。

2. 精铣加工走刀过程

（1）如果定义了精铣余量和指定了进给次数，那么 TNC 系统用指定次数的进给精铣槽壁，沿相切槽的左圆弧接近槽壁。

（2）TNC 系统由内向外精铣槽底面。

（二）槽铣削循环 253 参数解析

槽铣削循环 253 指令各个参数的名称、含义及示意图见表 4-13。

表 4-13　槽铣削循环 253 指令参数的名称、含义及示意图

参数	名称	含义	参数示意图
Q215	加工方式	定义加工方式。 0：粗加工和精加工； 1：仅粗铣； 2：仅精加工。 只有有特定余量值（Q368，Q369）定义，才进行侧面和底面精铣	
Q218	槽长度	平行于加工面参考轴的方向槽长度值	
Q219	槽宽度	输入槽宽。如果输入的槽宽等于刀具直径，那么 TNC 系统将只执行粗铣加工（铣槽）	
Q368	侧面精铣余量（增量值）	精铣加工面上的余量	

表 4-13（续）

参数	名称	含义	参数示意图
Q374	旋转角（绝对值）	旋转整个槽的角度。旋转中心是调用循环时刀具所处的位置。输入范围为 -360.000 ~ 360.000	
Q367	槽位置	调用循环时，槽相对刀具的位置。 0：刀具位置为槽中心； 1：刀具位置为槽左端； 2：刀具位置为槽左侧圆弧中心； 3：刀具位置为槽右侧圆弧中心； 4：刀具位置为槽右端	
Q207	铣削进给速率	铣削时刀具移动速度，单位为 mm/min	
Q351	顺铣或逆铣	用 M03 铣削的加工类型。 +1：顺铣； -1：逆铣	

表 4–13（续）

参数	名称	含义	参数示意图
Q201	深度（增量值）	工件表面与槽底部之间的距离	
Q202	切入深度（增量值）	每刀进给量。输入大于 0 的值	
Q369	底面精铣余量（增量值）	沿刀具轴的精铣余量	
Q206	切入进给速率	刀具移至深度处的移动速度，单位为 mm/min	
Q338	精铣进给量（增量值）	每刀进给量。Q338＝0：一次进给精铣	

表 4-13（续）

参数	名称	含义	参数示意图
Q200	安全高度 （增量值）	刀尖与工件表面之间的距离	
Q203	工件表面坐标 （绝对值）	工件表面的坐标	
Q204	第二安全高度 （增量值）	刀具不会与工件（夹具）发生碰撞的沿主轴的坐标值	
Q366	切入方式	切入方式类型。 0：垂直切入。不计算刀具表中的切入角（ANGLE）。 2：往复切入。在刀具表中，必须将当前刀具的切入角ANGLE（角）定义为非 0°；否则，TNC 系统将显示出错信息	
Q385	精铣进给速率	精铣侧面和底面的刀具移动速度，单位为 mm/min	

表 4-13(续)

参数	名称	含义	参数示意图
Q439	定义编程进给速率的参考值	进给速率参考。 0：进给速率是指刀具中心点的速率。 1：仅在侧面精加工时，进给速率指刀具切削刃速率；否则，指沿中心点运动的速率。 2：侧面和底面精加工中，进给速率是指切削刃速率；否则，指中心点运动速率。 3：进给速率仅指刀具切削刃速率	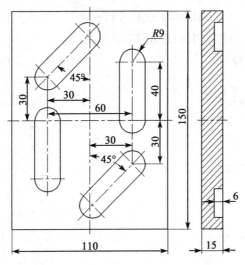

(三)槽铣削循环 253 编程应用

应用槽铣削循环 253 指令，编写如图 4-26 所示的 4 个形状和大小一样的直槽型腔的加工程序。根据不同的槽旋转角度，编程时重新定义 Q374 参数，可以简化程序编制。

图 4-26 槽型腔循环 253 零件加工图

参考程序节选如下：

…………

4	TOOL CALL 1 Z S2500 F500	调用 ϕ6 立铣刀
5	M13	
6	L Z+100 R0 FMAX	
7	CYCL DEF 253 SLOT MILLING	定义槽型腔铣削循环

Q215 = +0	; MACHINING OPERATION	加工方式，0 为粗加工和精加工
Q218 = +58	; SLOT LENGTH	槽长度
Q219 = +18	; SLOT WIDTH	槽宽度
Q368 = +1	; ALLOWANCE FOR SIDE	侧面精铣余量
Q374 = +90	; ANGLE OF ROTATION	定义以槽位置 Q367 为中心的旋转角度
Q367 = +2	; SLOT POSITION	槽位置基准
Q207 = +150	; FEED RATE FOR MILLNG	铣削进给速率
Q351 = +1	; CLIMB OR UP-CUT	顺铣切削方式
Q201 = −6	; DEPTH	槽深度
Q202 = +3	; PLUNGING DEPTH	切入深度
Q369 = +1	; ALLOWANCE FOR FLOOR	底面精铣余量
Q206 = +150	; FEED RATE FOR PLNGNG	切入进给速率
Q338 = +6	; INFEED FOR FINISHING	精铣进给量
Q200 = +5	; SET-UP CLEARANCE	安全高度
Q203 = +0	; SURFACE COORDINATE	工件表面坐标
Q204 = +50	; 2ND SET-UP CLEARANCE	第二安全高度
Q366 = +2	; PLUNGE	切入方式，2 为往复切入
Q385 = +300	; FINISHING FEED RATE	精铣进给速率
Q439 = +2	; FEED RATE REFERENCE	定义编程进给速率的参考值

```
8   L X+30 Y+0 M99          定义以 Q367 为基准的位置点，
                            调用槽循环

9   L X−30 Y−40 M99         定义以 Q367 为基准的位置点，
                            调用槽循环

10  Q374 = 45               重新定义旋转角度

11  L X−30 Y+30 M99         定义以 Q367 为基准的位置点，
                            调用槽循环，加工左上角槽

12  Q374 = −135             再次重新定义旋转角度

13  L X+30 Y−30 M99         定义以 Q367 为基准的位置点，
                            调用槽循环，加工右下角槽

14  L Z+100 FMAX
```
....

五、圆弧槽铣削循环 254

（一）圆弧槽铣削循环 254 加工过程

圆弧槽铣削循环 254 用于加工完整的圆弧槽。对其定义不同的循环参数和加工方式，能进行以下 5 种加工。

（1）完整加工：粗加工和精加工（底面和侧面精加工）。

（2）仅粗铣：只进行粗铣加工。

（3）仅精铣：只进行底面精铣和侧面精铣。

（4）仅底面精铣：只进行底面精加工。

（5）仅侧面精铣：只进行侧面精加工。

圆弧槽铣削循环 254 的过程如下。

1. 粗铣加工走刀过程

（1）刀具以刀具表中定义的切入角方向并以圆弧槽的圆心为中心做往复运动至第一进给深度，用参数 Q366 定义切入方式。

（2）TNC 系统由内向外粗铣槽并考虑精铣余量（参数 Q368）。

（3）TNC 系统退刀至 Q200 的安全距离。如果槽宽与刀具直径相等，那么 TNC 系统在每次进给后从槽中退刀。

（4）重复步骤（3），直至达到编程的槽深。

2. 精铣加工走刀过程

（1）如果定义了精铣余量并指定了进给次数，那么 TNC 系统用指定次数的进给精铣槽壁，相切接近槽壁。

（2）TNC 系统由内向外精铣槽底面。

（二）圆弧槽铣削循环 254 参数解析

圆弧槽铣削循环 254 指令各个参数的名称、含义及示意图见表 4-14。

表 4-14　圆弧槽铣削循环 254 指令参数的名称、含义及示意图

参数	名称	含义	参数示意图
Q215	加工方式	定义加工方式。 0：粗加工和精加工； 1：仅粗铣； 2：仅精加工。 只有有特定余量值（Q368，Q369）定义，才进行侧面和底面精铣	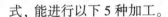

表 4-14(续)

参数	名称	含义	参数示意图
Q219	槽宽度	输入槽宽。如果输入的槽宽等于刀具直径，那么 TNC 系统将只执行粗铣加工(铣槽)	
Q368	侧面精铣余量（增量值）	精铣加工面上的余量	
Q375	节圆直径	输入节圆直径	
Q367	槽位置	调用循环时，槽相对刀具的位置。 0：不考虑刀具位置。槽的位置由输入的节圆圆心和起始角决定。 1：刀具位置为槽左侧圆弧中心。相对该位置的起始角 Q376。不考虑输入的节圆圆心。 2：刀具位置为中心线中心。相对该位置的起始角 Q376。不考虑输入的节圆圆心。 3：刀具位置为槽右侧圆弧中心。相对该位置的起始角 Q376。不考虑输入的节圆圆心	

表 4-14(续)

参数	名称	含义	参数示意图
Q216	第一轴中心 (绝对值)	相对加工面参考轴的节圆圆心。仅当 Q367=0 时有效	
Q217	第二轴中心 (绝对值)	加工面辅助轴上的节圆圆心。仅当 Q367=0 时有效	
Q376	起始角(绝对值)	输入起点的极角。输入范围为 -360.000~360.000	
Q248	角长(增量值)	输入槽的角长。输入范围为 0~360.000	
Q378	角增量(增量值)	旋转整个槽的角度。节圆的圆心为旋转的中心。输入范围为 -360.000~360.000	

表 4-14（续）

参数	名称	含义	参数示意图
Q377	重复次数	在节圆上的加工次数。输入范围为 1~99999	
Q207	铣削进给速率	铣削时刀具移动速度，单位为 mm/min	
Q351	顺铣或逆铣	用 M03 铣削的加工类型。 +1：顺铣； -1：逆铣	
Q201	深度（增量值）	工件表面与槽底部之间的距离	
Q202	切入深度（增量值）	每刀进给量。输入大于 0 的值	

表 4-14(续)

参数	名称	含义	参数示意图
Q369	底面精铣余量（增量值）	沿刀具轴的精铣余量	
Q206	切入进给速率	刀具移至深度处的移动速度，单位为 mm/min	
Q338	精铣进给量（增量值）	每刀进给量。 Q338=0：一次进给精铣	
Q200	安全高度（增量值）	刀尖与工件表面之间的距离	
Q203	工件表面坐标（绝对值）	工件表面的坐标	

表 4-14(续)

参数	名称	含义	参数示意图
Q204	第二安全高度（增量值）	刀具不会与工件(夹具)发生碰撞的沿主轴的坐标值	
Q366	切入方式	切入方式类型。 0：垂直切入。不计算刀具表中的切入角(ANGLE)。 2：往复切入。在刀具表中，必须将当前刀具的切入角ANGLE(角)定义为非0°；否则，TNC系统将显示出错信息	
Q385	精铣进给速率	精铣侧面和底面的刀具移动速度，单位为 mm/min	
Q439	定义编程进给速率的参考值	进给速率参考。 0：进给速率是指刀具中心点的速率。 1：仅在侧面精加工时，进给速率指刀具切削刃速率；否则，指沿中心点运动的速率。 2：侧面和底面精加工中，进给速率是指切削刃速率；否则，指中心点运动速率。 3：进给速率仅指刀具切削刃速率	

（三）圆弧槽铣削循环 254 编程应用

应用圆弧槽铣削循环 254 指令，编写如图 4-27 所示的 2 个形状和大小一样的圆弧槽的加工程序，同时编写 3 个均布的圆弧槽的加工程序。

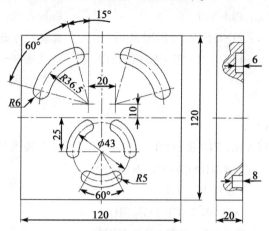

图 4-27　圆弧槽铣削循环 254 零件加工图

参考程序节选如下：

…………

```
6   L Z+100 R0 FMAX
7   CYCL DEF 254  CIRCULAR SLOT            定义槽循环
    Q215 = +0     ; MACHINING OPERATION    加工方式，完整加工
    Q219 = +10    ; SLOT WIDTH             槽宽度
    Q368 = +0.8   ; ALLOWANCE FOR SIDE     侧面精铣余量
    Q375 = +43    ; PITCH CIRCLE DIAMETR   节圆直径
    Q367 = +0     ; REF. SLOT POSITION     槽位置基准
    Q216 = +0     ; CENTER IN 1ST AXIS     第一轴中心坐标
    Q217 = −25    ; CENTER IN 2ND AXIS     第二轴中心坐标
    Q376 = +240   ; STARTING ANGLE         起始角度
    Q248 = +60    ; ANGULAR LENGTH         增量角长
    Q378 = +120   ; STEPPING ANGLE         旋转角增量
    Q377 = +3     ; NR OF REPETITIONS      重复次数
    Q207 = +200   ; FEED RATE FOR MILLNG   铣削进给速率
    Q351 = +1     ; CLIMB OR UP-CUT        顺铣
    Q201 = −8     ; DEPTH                  深度
    Q202 = +4     ; PLUNGING DEPTH         切入深度
    Q369 = +0.5   ; ALLOWANCE FOR FLOOR    底面精铣余量
    Q206 = +150   ; FEED RATE FOR PLNGNG   切入进给速率
```

```
    Q338 = +8        ; INFEED FOR FINISHING       精铣进给量
    Q200 = +5        ; SET-UP CLEARANCE           安全高度
    Q203 = +0        ; SURFACE COORDINATE         工件表面坐标
    Q204 = +50       ; 2ND SET-UP CLEARANCE       第二安全高度
    Q366 = +2        ; PLUNGE                     切入方式
    Q385 = +300      ; FINISHING FEED RATE        精铣进给速率
    Q439 = +2        ; FEED RATE REFERENCE        定义编程进给速率的参考值
 8  CYCL CALL                                     调用圆弧槽循环，加工3个均
                                                  布槽

 9  L Z+100 FMAX

10  CYCL DEF 254 CIRCULAR SLOT                    定义槽循环
    Q215 = +0        ; MACHINING OPERATION
    Q219 = +12       ; SLOT WIDTH
    Q368 = +1        ; ALLOWANCE FOR SIDE
    Q375 = +73       ; PITCH CIRCLE DIAMETR
    Q367 = +0        ; REF. SLOT POSITION
    Q216 = −10       ; CENTER IN 1ST AXIS         第一轴中心坐标
    Q217 = +10       ; CENTER IN 2ND AXIS
    Q376 = +105      ; STARTING ANGLE             起始角度
    Q248 = +60       ; ANGULAR LENGTH
    Q378 = +0        ; STEPPING ANGLE
    Q377 = +3        ; NR OF REPETITIONS
    Q207 = +200      ; FEED RATE FOR MILLNG
    Q351 = +1        ; CLIMB OR UP-CUT
    Q201 = −6        ; DEPTH
    Q202 = +3        ; PLUNGING DEPTH
    Q369 = +0.5      ; ALLOWANCE FOR FLOOR
    Q206 = +150      ; FEED RATE FOR PLNGNG
    Q338 = +6        ; INFEED FOR FINISHING
    Q200 = +5        ; SET-UP CLEARANCE
    Q203 = +0        ; SURFACE COORDINATE
    Q204 = +50       ; 2ND SET-UP CLEARANCE
    Q366 = +2        ; PLUNGE
    Q385 = +300      ; FINISHING FEED RATE
    Q439 = +2        ; FEED RATE REFERENCE
11  CYCL CALL                                     调用圆弧槽循环，加工左上角槽
12  Q216 = 10                                     重新定义第一轴中心坐标
```

13　Q376=15　　　　　　　　　　重新定义起始角度

14　CYCL CALL　　　　　　　　　调用圆弧槽循环，加工右上角槽

15　L Z+100 FMAX

…………

六、矩形凸台铣削循环 256

(一)矩形凸台铣削循环 256 加工过程

矩形凸台铣削循环 256 用于加工完整矩形凸台。如果工件毛坯尺寸大于最大允许步长，那么 TNC 系统用多道加工直至达到精加尺寸。具体加工过程如下。

(1)刀具从循环起点位置(凸台中心)移到加工凸台的起点位置。用参数 Q437 定义起点位置。起点设置(Q437=0)在凸台毛坯右侧 2 mm 位置。

(2)如果刀具位于第二安全高度处，其将以快移速度移至安全高度，并由安全高度以切入进给速率进刀至第一切入深度。

(3)刀具相切地运动到凸台轮廓处并加工一圈。

(4)如果一圈不能加工至精加尺寸，那么 TNC 系统用当前系数的步长值进刀，再加工一圈。TNC 系统考虑工件毛坯尺寸、精加尺寸和允许的步长值，重复执行该过程直至达到定义的精加尺寸。然而，如果将起点选在角点位置，而不是侧边位置(Q437≠0)，那么 TNC 系统将从起点位置开始向内螺旋加工，直至达到最终尺寸。

(5)若需要进一步换道，则刀具沿相切路径离开轮廓并返回到凸台加工的起点位置。

(6)TNC 系统再将刀具切入至下一个切入深度并在该深度处加工凸台。重复这一过程，直至达到凸台编程深度为止。

(7)循环结束时，TNC 系统只使刀具沿刀具轴停在循环中定义的第二安全高度处。也就是说，终点位置与起点位置不同。

(二)矩形凸台铣削循环 256 参数解析

矩形凸台铣削循环 256 指令各个参数的名称、含义及示意图见表 4-15。

表 4-15　矩形凸台铣削循环 256 指令参数的名称、含义及示意图

参数	名称	含义	参数示意图
Q218	第一侧边长度	凸台长度，平行于加工面的参考轴	

表 4-15(续)

参数	名称	含义	参数示意图
Q424	工件毛坯侧边长度 1	凸台毛坯长度，平行于加工面参考轴。输入工件毛坯侧边长度 1，必须大于第一侧边长度。如果毛坯尺寸 1 和精加尺寸 1 之差大于允许的步长(刀具半径乘以路径行距系数 Q370)，那么 TNC 系统执行多道加工	
Q219	第二侧边长度	凸台长度，平行于加工面的辅助轴	
Q425	工件毛坯侧边长度 2	凸台毛坯长度，平行于加工面辅助轴。输入工件毛坯侧边长度 2，必须大于第二侧边长度。如果毛坯尺寸 2 和精加尺寸 2 之差大于允许的步长(刀具半径乘以路径行距系数 Q370)，那么 TNC 系统执行多道加工	
Q220	角点半径	凸台角点半径。"+"为圆角，"-"为倒角	

表 4-15(续)

参数	名称	含义	参数示意图
Q368	侧面精铣余量 （增量值）	加工面在加工后保留的精加余量	
Q224	旋转角 （绝对值）	旋转整个加工的角度。旋转中心是调用循环时刀具所处的位置。输入范围为 −360.0000 ~ 360.0000	
Q367	凸台位置	调用循环时，型腔相对刀具的位置。 0：刀具位置为凸台中心； 1：刀具位置为左下角； 2：刀具位置为右下角； 3：刀具位置为右上角； 4：刀具位置为左上角	
Q207	铣削进给速率	铣削时刀具移动速度，单位为 mm/min	
Q351	顺铣或逆铣	用 M03 铣削的加工类型。 +1：顺铣； −1：逆铣	

表 4-15（续）

参数	名称	含义	参数示意图
Q201	深度 （增量值）	工件表面与矩形凸台之间的距离	
Q202	切入深度 （增量值）	每刀进给量。输入大于 0 的值	
Q206	切入进给速率	刀具移至深度处的移动速度，单位为 mm/min	
Q200	安全高度 （增量值）	刀尖与工件表面之间的距离	
Q203	工件表面坐标 （绝对值）	工件表面的坐标	

表 4-15(续)

参数	名称	含义	参数示意图
Q204	第二安全高度（增量值）	刀具不会与工件（夹具）发生碰撞的沿主轴的坐标值	
Q370	路径行距系数	Q370×R（刀具半径）=k（步长系数）。输入范围为 0.1~1.9999	
Q437	接近位置	定义刀具接近方式。 0：凸台右侧（默认设置）； 1：左下角； 2：右下角； 3：右上角； 4：左上角。 如果 Q437＝0 的设置使凸台表面留下接近刀痕，那么定义另一个接近位置	
Q215	加工方式	定义加工方式。 0：粗加工和精加工； 1：仅粗铣； 2：仅精加工。 只有有特定余量值（Q368，Q369）定义，才进行侧面和底面精铣	

表 4-15（续）

参数	名称	含义	参数示意图
Q369	底面精铣余量（增量值）	沿刀具轴的精铣余量	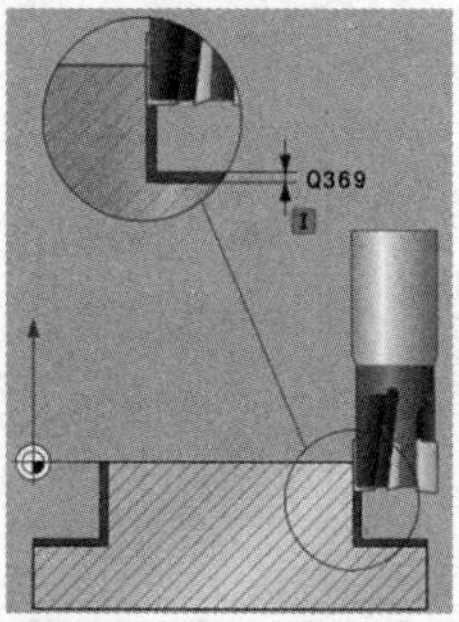
Q338	精加工进刀量（增量值）	每刀进给量。 Q338＝0：一次进给精铣	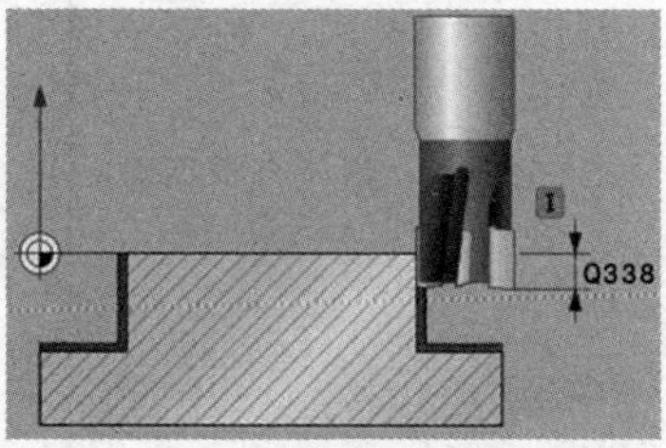
Q385	精加工进给速率	精铣侧面和底面的刀具移动速度，单位为 mm/min	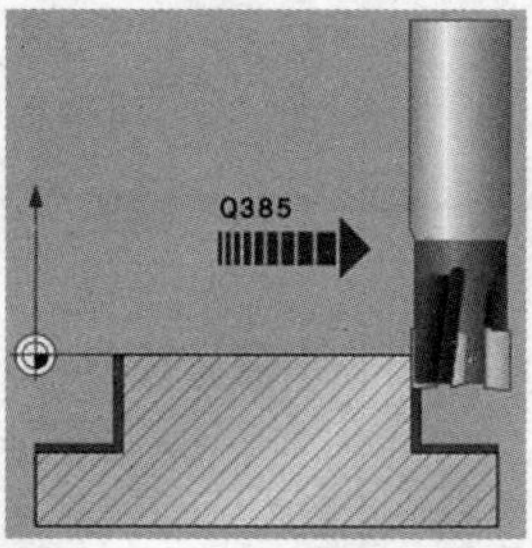

（三）矩形凸台铣削循环 256 编程应用

应用矩形凸台铣削循环 256 指令，完成如图 4-28 所示的 80 mm×60 mm 凸台的加工程序编制，图中直槽、圆弧槽、圆弧型腔深度均为 3。

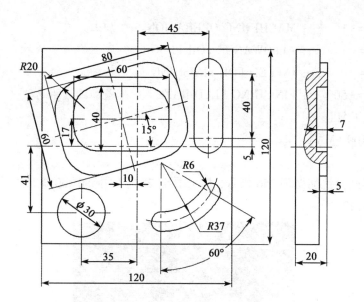

图 4-28　矩形凸台铣削循环 256 零件加工图

参考程序节选如下：

…………

```
6   L Z+100 R0 FMAX
7   L X-10 Y+17                              矩形中心位置点坐标
8   CYCL DEF 256 RECTANGULAR STUD           定义矩形凸台铣削循环
    Q218=+80    ; FIRST SIDE LENGTH          定义矩形长度
    Q424=+140   ; WORKPC. BLANK SIDE 1       定义矩形长度方向毛坯长度
    Q219=+60    ; 2ND SIDE LENGTH            定义矩形宽度
    Q425=+174   ; WORKPC. BLANK SIDE 2       定义矩形宽度方向毛坯长度
    Q220=+20    ; RADIUS / CHAMFER           倒圆角
    Q368=+1     ; ALLOWANCE FOR SIDE         侧面精铣余量
    Q224=+15    ; ANGLE OF ROTATION          旋转角度
    Q367=+0     ; STUD POSITION              凸台基准
    Q207=+300   ; FEED RATE FOR MILLNG       铣削进给率
    Q351=+1     ; CLIMB OR UP-CUT            顺铣
    Q201=-5     ; DEPTH                      深度
    Q202=+2.5   ; PLUNGING DEPTH             切入深度
    Q206=+150   ; FEED RATE FOR PLNGNG       切入进给速率
    Q200=+5     ; SET-UP CLEARANCE           安全高度
    Q203=+0     ; SURFACE COORDINATE         工件表面坐标
    Q204=+50    ; 2ND SET-UP CLEARANCE       第二安全高度
    Q370=+1.4   ; TOOL PATH OVERLAP          路径行距系数
    Q437=+4     ; APPROACH POSITION          接近位置
```

```
    Q215 = +1      ; MACHINING OPERATION    加工方式
    Q369 = +1      ; ALLOWANCE FOR FLOOR    底面的精铣余量
    Q338 = +0      ; INFEED FOR FINISHING   精加工的进刀量
    Q385 = +500    ; FINISHING FEED RATE    精加工进给速率
9   CYCL CALL
10  L Z+100 FMAX
```

....

应用矩形凸台铣削循环 256 指令，加工图 4-28 零件中 80×60 矩形凸台的轨迹的仿真效果见图 4-29。

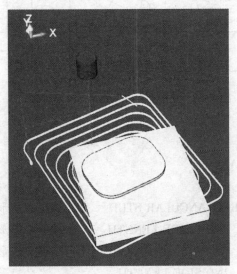

图 4-29　图 4-28 零件矩形循环加工轨迹图

七、圆弧凸台铣削循环 257

（一）圆弧凸台铣削循环 257 加工过程

圆弧凸台铣削循环 257 用于加工圆弧凸台。TNC 系统从工件毛坯直径开始用螺旋进给运动铣削圆弧凸台。

（1）如果刀具位于第二安全高度下，TNC 系统退刀至第二安全高度处。

（2）凸台加工时，刀从凸台中心移动到凸台加工的起点位置。用极角通过参数 Q376 定义相对凸台中心的起点位置。

（3）TNC 系统将刀具用快移速度移至安全高度 Q200 的位置，并从该处开始用切入进给速率进刀到第一切入深度。

（4）TNC 系统用螺旋进给运动加工圆弧凸台，加工中考虑行距系数。

（5）TNC 系统沿相切路径将刀具退离轮廓 2 mm。

（6）如果需要一次以上切入，那么刀具在退离运动旁的位置重复进行切入运动，直至达到凸台编程深度为止。

（7）循环结束时，刀具沿相切路径退出，然后沿刀具轴退刀到循环中定义的第二安全高度。

（二）圆弧凸台铣削循环 257 参数解析

圆弧凸台铣削循环 257 指令各个参数的名称、含义及示意图见表 4-16。

表 4-16　圆弧凸台铣削循环 257 指令参数的名称、含义及示意图

参数	名称	含义	参数示意图
Q223	精加工后的直径	最终加工完成的凸台直径	
Q222	工件毛坯直径	工件毛坯直径。输入大于精加直径的工件毛坯直径。如果工件毛坯直径和精加直径之差大于允许的步长(刀具半径乘以路径行距系数 Q370)，那么 TNC 系统执行多道加工	
Q368	侧面精铣余量（增量值）	加工面在加工后保留的精加余量	
Q207	铣削进给速率	铣削时刀具移动速度，单位为 mm/min	

表 4-16（续）

参数	名称	含义	参数示意图
Q351	顺铣或逆铣	用 M03 铣削的加工类型。 +1：顺铣； -1：逆铣	
Q201	深度 （增量值）	工件表面与凸台之间的距离	
Q202	切入深度 （增量值）	每刀进给量。输入大于 0 的值	
Q206	切入进给速率	刀具移至深度处的移动速度，单位为 mm/min	
Q200	安全高度 （增量值）	刀尖与工件表面之间的距离	

表 4-16(续)

参数	名称	含义	参数示意图
Q203	工件表面坐标（绝对值）	工件表面的坐标	
Q204	第二安全高度（增量值）	刀具不会与工件（夹具）发生碰撞的沿主轴的坐标值	
Q370	路径行距系数	Q370×R（刀具半径）=k（步长系数）。输入范围为 0.1～1.9999	
Q376	起始角度	相对凸台中心距刀具所接近凸台中心的极角。输入范围为 0°～359°	
Q215	加工方式	定义加工方式。 0：粗加工和精加工； 1：仅粗铣； 2：仅精加工。 只有有特定余量值（Q368，Q369）定义，才进行侧面和底面精铣	

表 4-16（续）

参数	名称	含义	参数示意图
Q369	底面精铣余量（增量值）	沿刀具轴的精铣余量	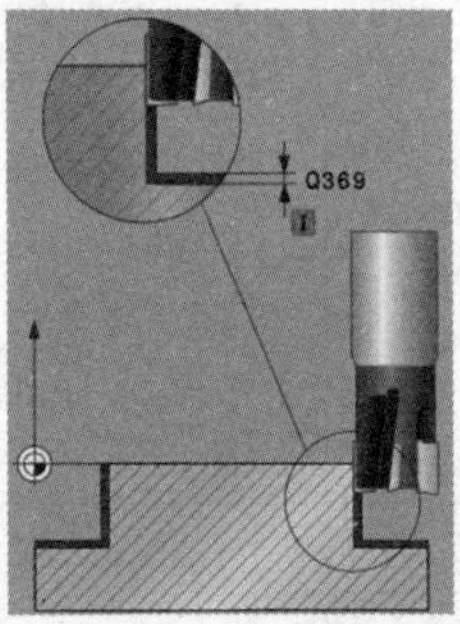
Q338	精加工进刀量（增量值）	每刀进给量。Q338=0：一次进给精铣	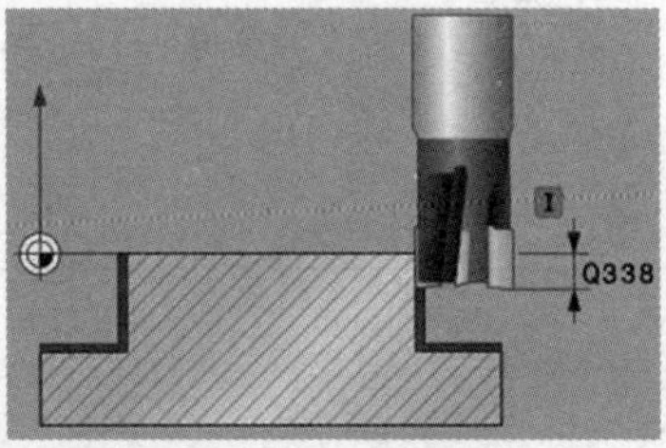
Q385	精加工进给速率	精铣侧面和底面的刀具移动速度，单位为 mm/min	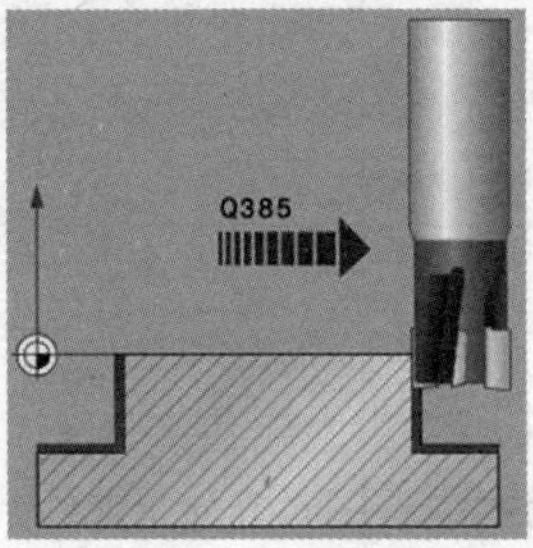

（三）圆弧凸台铣削循环 257 编程应用

应用圆弧凸台铣削循环 257 指令，编写图 4-30 中 $\phi105$ 圆凸台的加工程序。

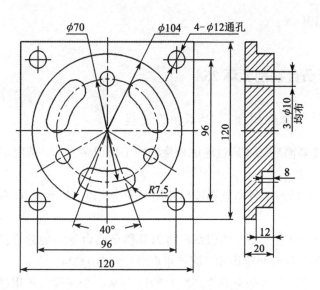

图 4-30 圆弧凸台循环 257 零件加工图

参考程序节选如下：

············

```
7   L Z+100 FMAX

8   L X+0 Y+0                              定义圆弧凸台循环基准点

9   CYCL DEF 257 CIRCULAR STUD            定义圆弧凸台循环

    Q223=+104  ; FINISHED PART DIA.        精加工后的直径

    Q222=+170  ; WORKPIECE BLANK DIA.      工件毛坯直径

    Q368=+2    ; ALLOWANCE FOR SIDE        侧面精铣余量

    Q207=+300  ; FEED RATE FOR MILLNG      铣削进给速率

    Q351=+1    ; CLIMB OR UP-CUT           顺铣

    Q201=-12   ; DEPTH                     深度

    Q202=+4    ; PLUNGING DEPTH            切入深度

    Q206=+150  ; FEED RATE FOR PLNGNG      切入进给速率

    Q200=+5    ; SET-UP CLEARANCE          安全高度

    Q203=+0    ; SURFACE COORDINATE        工件表面坐标

    Q204=+50   ; 2ND SET-UP CLEARANCE      第二安全高度

    Q370=+1.2  ; TOOL PATH OVERLAP         路径行距系数

    Q376=+0    ; STARTING ANGLE            起始角度

    Q215=+0    ; MACHINING OPERATION       加工方式,0 是粗加工和精加工

    Q369=+1    ; ALLOWANCE FOR FLOOR       底面精铣余量

    Q338=+12   ; INFEED FOR FINISHING      精加工进刀量

    Q385=+200  ; FINISHING FEED RATE       精加工进给速率

10  CYCL CALL
```

11　L Z+100 FMAX

…………

八、多边形凸台铣削循环 258

（一）多边形凸台铣削循环 258 加工过程

多边形凸台铣削循环 258 通过轮廓外缘的加工形成多边形。铣削加工基于工件毛坯直径沿螺旋路径运动。

（1）如果加工开始时工件所处高度低于第二安全高度，那么 TNC 系统将刀具退回到第二安全高度位置。

（2）从凸台中心位置开始，TNC 系统将刀具移至凸台加工的起点位置。起点取决于工件毛坯直径和凸台旋转角等因素。旋转角取决于参数 Q224。

（3）刀具用快移速度运动至安全高度 Q200，并从安全高度位置用进给速率切入第一切入深度。

（4）TNC 系统沿螺旋路径加工多边形凸台，同时考虑行距系数。

（5）TNC 系统由外向内沿相切路径运动刀具。

（6）刀具沿主轴坐标轴方向用快移速度升高到第二安全高度。

（7）如果需要多个切入深度，那么 TNC 系统将刀具退回到凸台铣削开始时的起点位置。重复这一过程，直至达到凸台编程深度为止。

（8）循环结束时，首先执行退离运动，然后 TNC 系统将沿刀具轴将刀具运动到第二安全高度。

（二）多边形凸台铣削循环 258 参数解析

多边形凸台铣削循环 258 指令各个参数的名称、含义及示意图见表 4-17。

表 4-17　多边形凸台铣削循环 258 指令参数的名称、含义及示意图

参数	名称	含义	参数示意图
Q573	参考圆	定义尺寸值是内接圆还是外接圆。 0：尺寸值是内接圆； 1：尺寸值是外接圆	

表 4-17(续)

参数	名称	含义	参数示意图
Q571	参考圆直径	参考圆直径的定义。在参数 Q573 中定义直径(内接圆/外接圆)	
Q222	工件毛坯直径	工件毛坯直径的定义。工件毛坯直径必须大于最终直径。如果工件毛坯直径与参考圆直径之差大于允许的步长(刀具半径乘以行距系数 Q370),那么 TNC 系统将执行多个步长	
Q572	角点数	输入多边形的角点数。TNC 系统将在凸台上平分角点。输入范围为 3~30	
Q224	旋转角	指定哪一个角点作为多边形加工的第一角点。输入范围为 −360°~360°	

表 4-17(续)

参数	名称	含义	参数示意图
Q220	倒圆/倒角	输入代表倒圆或倒角的数据。 若输入 0~99999.9999 的正数值，TNC 系统生成倒圆的多边形，其半径为输入值。若输入 -99999.9999~0 的负数值，则所有角点被倒角，输入值为倒角的长度	
Q368	侧面精铣余量 （增量值）	精铣加工面上的余量	
Q207	铣削进给速率	铣削时刀具移动速度，单位为 mm/min	
Q351	顺铣或逆铣	用 M03 铣削的加工类型。 +1：顺铣； -1：逆铣	

表 4-17(续)

参数	名称	含义	参数示意图
Q201	深度 (增量值)	工件表面与凸台之间的距离	
Q202	切入深度 (增量值)	每刀进给量。输入大于0的值	
Q206	切入进给速率	刀具移至深度处的移动速度,单位为 mm/min	
Q200	安全高度 (增量值)	刀尖与工件表面之间的距离	
Q203	工件表面坐标 (绝对值)	工件表面的坐标	

表 4-17(续)

参数	名称	含义	参数示意图
Q204	第二安全高度（增量值）	刀具不会与工件(夹具)发生碰撞的沿主轴的坐标值	
Q370	路径行距系数	$Q370 \times R$(刀具半径)$= k$(步长系数)。输入范围为 $0.1 \sim 1.414$	
Q215	加工方式	定义加工方式。 0：粗加工和精加工； 1：仅粗铣； 2：仅精加工。 只有有特定余量值(Q368，Q369)定义，才进行侧面和底面精铣	
Q369	底面精铣余量（增量值）	沿刀具轴的精铣余量	

表 4-17(续)

参数	名称	含义	参数示意图
Q338	精加工进刀量 （增量值）	每刀进给量。 Q338＝0：一次进给精铣	
Q385	精加工进给速率	精铣侧面和底面的刀具移动速度，单位为 mm/min	

（三）多边形凸台铣削循环 258 编程应用

应用多边形凸台铣削循环 258 指令，编写图 4-31 所示六边形凸台的加工程序。

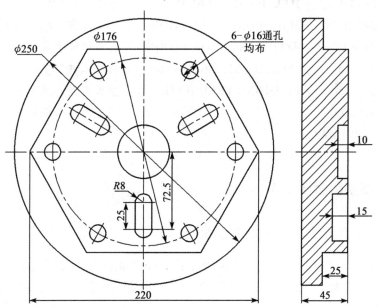

图 4-31　多边形凸台铣削循环 258 零件加工图

参考程序节选如下：

…………

7　L Z+100 FMAX

```
 8  L X+0 Y+0
 9  CYCL DEF 258 POLYGON STUD                            定义多边形循环
        Q573 = +1      ; REFERENCE CIRCLE              参考圆，1是定义的外接圆
        Q571 = +220    ; REF-CIRCLE DIAMETER           参考圆直径
        Q222 = +250    ; WORKPIECE BLANK DIA.          工件毛坯直径
        Q572 = +6      ; NUMBER OF CORNERS             多边形的角点数
        Q224 = +0      ; ANGLE OF ROTATION             旋转角
        Q220 = +0      ; RADIUS / CHAMFER              倒圆/倒角，正值为倒圆，负值为
                                                       倒角
        Q368 = +2      ; ALLOWANCE FOR SIDE            侧面精铣余量
        Q207 = +300    ; FEED RATE FOR MILLNG          铣削进给速率
        Q351 = +1      ; CLIMB OR UP-CUT               顺铣
        Q201 = −25     ; DEPTH                         深度
        Q202 = +5      ; PLUNGING DEPTH                切入深度
        Q206 = +150    ; FEED RATE FOR PLNGNG          切入进给速率
        Q200 = +5      ; SET-UP CLEARANCE              安全高度
        Q203 = +0      ; SURFACE COORDINATE            工件表面坐标
        Q204 = +50     ; 2ND SET-UP CLEARANCE          第二安全高度
        Q370 = +1.4    ; TOOL PATH OVERLAP             路径行距系数，范围为0.1~1.414
        Q215 = +0      ; MACHINING OPERATION           加工方式，0是粗加工和精加工
        Q369 = +0      ; ALLOWANCE FOR FLOOR           底面精铣余量
        Q338 = +25     ; INFEED FOR FINISHING          精加工进刀量
        Q385 = +150    ; FINISHING FEED RATE           精加工进给速率
10  CYCL CALL                                          调用多边形循环
11  L Z+100 FMAX
············
```

九、端面铣削循环 233

（一）端面铣削循环 233 加工过程

端面铣削循环 233 用于使用多道进给铣平端面，同时考虑精铣余量；也可以在循环中定义侧壁，定义后，当加工水平表面时将考虑该因素。该循环提供多种加工方式（见图 4-32），具体如下。

（1）方式 Q389 = 0：折线加工，在被加工的表面外叠加。

（2）方式 Q389 = 1：折线加工，在被加工表面的边沿处换道。

（3）方式 Q389 = 2：用超行程，逐行加工表面；用快移速度退刀时换道。

（4）方式 Q389 = 3：不移出范围逐行加工表面；用快移速度退刀时换道。

（5）方式 Q389=4：从外向内螺旋加工。

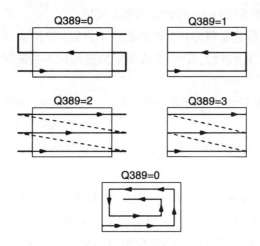

图 4-32　端面铣削循环 233 加工方式示意图

1. 方式 Q389=0 和 Q389=1

在端面铣削循环 233 加工中，方式 Q389=0 和 Q389=1 在超行程方面不同。如果 Q389=0，终点在表面外，如图 4-33(a)所示。如果 Q389=1，终点在表面边沿上，如图 4-33(b)所示。TNC 系统计算用侧边长度和安全距离到侧边的尺寸计算终点 2。如果用方式 Q389=0，TNC 系统还需要刀具在水平表面外移动一个刀具半径值。

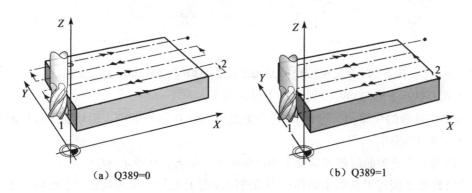

（a）Q389=0　　　　　　　　　　　（b）Q389=1

图 4-33　端面铣削循环 233 加工方式（Q389=0 和 Q389=1）示意图

方式 Q389=0 和 Q389=1 循环加工过程如下。

（1）从当前位置开始，TNC 系统用快移速度使刀具定位在加工面的起点 1 位置，见图 4-33；加工面的起点距工件边为一个刀具半径的距离，并与工件边相距安全间隔距离。

（2）TNC 系统用快移速度将刀具定位在主轴方向的安全距离位置。

（3）刀具沿刀具轴用铣削进给速率 Q207 移至 TNC 系统计算的第一切入深度。

（4）TNC 系统将刀具用铣削编程进给速率将刀具运动到终点 2 位置，见图 4-33。

（5）TNC 系统以预定位进给速率将刀具偏置到下一道的起点位置。偏移量用编程进给宽度、刀具半径、最大行距系数和距侧面的安全距离进行计算。

（6）刀具用铣削进给速率沿反方向返回。

（7）重复步骤（1）至步骤（6），直到表面加工完成。

（8）TNC系统用快移速度将刀具返回到起点1位置，见图4-33。

（9）如果需要一次以上进给，TNC系统用定位进给速率沿主轴将刀具移至下一个切入深度。

（10）重复以上步骤直到完成全部进给。最后一次进给时，用精铣进给速率仅铣削输入的精铣余量。

（11）循环结束时，刀具以快移速度退刀至第二安全高度处。

2. 方式 Q389＝2 和 Q389＝3

在端面铣削循环233加工中，方式 Q389＝2 和 Q389＝3 在超行程方面不同。如果 Q389＝2，终点在表面外，如图4-34（a）所示。如果 Q389＝3，终点在表面边沿上，如图4-34（b）所示。TNC系统用侧边长度和安全距离到侧边的尺寸计算终点2。如果用方式 Q389＝2，TNC系统还需要刀具在水平表面外移动一个刀具半径值。

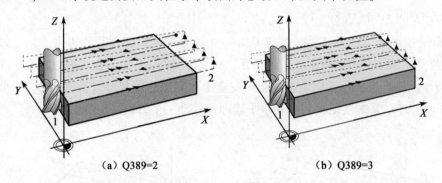

(a) Q389=2   (b) Q389=3

图 4-34 端面铣削循环 233 加工方式（Q389＝2 和 Q389＝3）示意图

方式 Q389＝2 和 Q389＝3 循环加工过程如下。

该加工过程的步骤（1）至步骤（3）与方式 Q389＝0 和 Q389＝1 循环加工过程的步骤（1）至步骤（3）相同。

（4）刀具用铣削的编程进给速率前进到终点2位置，见图4-34。

（5）TNC系统将刀具沿主轴移至当前进给深度上方的安全高度位置，然后用快移速度直接返回下道起点。TNC系统用编程宽度、刀具半径、最大行距系数和距侧面安全距离计算偏移量。

（6）刀具返回到当前进给深度，并向下一个终点2方向运动。

（7）重复步骤（1）至步骤（6），直到表面加工完成。最后一道终点处，TNC系统用快移速度使刀具返回起点1位置。

（8）如果需要一次以上进给，TNC系统用定位进给速率沿主轴将刀具移至下一个切入深度。

（9）重复以上步骤直到完成全部进给。最后一次进给时，用精铣进给速率仅铣削输入的精铣余量。

（10）循环结束时，刀具以快移速度退刀至第二安全高度处。

3. 方式 Q389=4

在端面铣削循环加工中，方式 Q389=4 是刀具从外向内螺旋式加工，见图4-35。

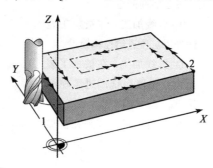

图4-35 端面铣削循环233加工方式（Q389=4）示意图

方式 Q389=4 循环加工过程如下。

该加工过程的步骤（1）至步骤（3）与方式 Q389=0 和 Q389=1 循环加工过程的步骤（1）至步骤（3）相同。

（4）刀具以编程的铣削进给速率沿相切圆弧接近铣削路径的起点位置。

（5）TNC 系统用铣削进给速率和更小的铣削路径由外向内加工水平表面。相同的行距系数使刀具可以连续接合工件。

（6）重复步骤（1）至步骤（6），直到表面加工完成。最后一道终点处，TNC 系统用快移速度使刀具返回起点1位置。

（7）如果需要一次以上进给，TNC 系统用定位进给速率沿主轴将刀具移至下一个切入深度。

（8）重复以上步骤直到完成全部进给。最后一次进给时，用精铣进给速率仅铣削输入的精铣余量。

（9）循环结束时，刀具以快移速度退刀至第二安全高度处。

（二）端面铣削循环233参数解析

端面铣削循环233指令各个参数的名称、含义及示意图见表4-18。

表4-18 端面铣削循环233指令参数的名称、含义及示意图

参数	名称	含义	参数示意图
Q215	加工方式	定义加工方式。 0：粗加工和精加工； 1：仅粗铣； 2：仅精加工。 只有有特定余量值（Q368，Q369）定义，才进行侧面和底面精铣	

表 4-18（续）

参数	名称	含义	参数示意图
Q389	加工方式	加工表面的方式。 0：折线加工，在被加工表面外以定位进给速率换道。 1：折线加工，在被加工表面边沿位置用铣削进给速率换道。 2：用定位进给速率在被加工表面外逐行加工、退刀和换道。 3：在被加工表面边沿位置用定位进给速率逐行加工、退刀和换道。 4：螺旋加工，由外向内一致进给	
Q350	铣削方向	定义加工方向的加工面内的轴。 1：参考轴为加工方向； 2：辅助轴为加工方向	
Q218	第一侧边长度 （增量值）	要被多道铣的表面在加工面上沿参考轴的长度，相对第1轴的起点	
Q219	第二侧边长度 （增量值）	被加工表面在加工面辅助轴方向的长度。用代数符号指定相对第二轴起点的第一道换道铣削方向	

表 4-18(续)

参数	名称	含义	参数示意图
Q227	起始点的 第三轴坐标 (绝对值)	用于计算进给量的工件表面坐标	
Q386	终点的 第三轴坐标 (绝对值)	需要铣削的端面在主轴坐标轴方向的坐标	
Q369	底面的精铣余量 (增量值)	用于最后一次进给的距离	
Q202	最大切入深度 (增量值)	每刀进给量。输入大于 0 的值	
Q370	路径行距系数	最大行距系数 k。TNC 系统用第二侧边长(Q219)和刀具半径计算实际行距,使加工时使用相同行距。输入范围为 0.1~1.9999	max.k=Q370*R

表 4-18（续）

参数	名称	含义	参数示意图
Q207	铣削进给速率	铣削时刀具移动速度，单位为 mm/min	
Q385	精加工进给率	最后一次进给铣削的刀具运动速度，单位为 mm/min	
Q253	预定位进给速率	刀具接近起点和移至下一道时的运动速度，单位为 mm/min。如果横向移入材料（Q389=1），TNC 系统将用铣削进给速率 Q207 运动刀具	
Q357	到侧边的安全距离	刀具接近第一切入深度时刀具距侧边的安全距离。如果选用加工方式 Q389 = 0 或 Q389=2，需换道的距离	
Q200	安全高度（增量值）	刀尖与工件表面之间的距离	

表 4-18(续)

参数	名称	含义	参数示意图
Q204	第二安全高度 (增量值)	刀具不会与工件(夹具)发生碰撞的沿主轴的坐标值	
Q347	第 1 限值	选择工件侧边,该侧边有侧壁限制(不允许螺旋加工)。根据侧壁位置,TNC 系统相对起点坐标或侧边长度限制水平表面的加工(不允许螺旋加工)。 0:无限值; -1:负参考轴的限值; +1:正参考轴的限值; -2:负辅助轴的限值; +2:正辅助轴的限值	
Q348	第 2 限值	参见第 1 限值 Q347	
Q349	第 3 限值	参见第 1 限值 Q347	
Q220	角点半径	限值时的角点半径(Q347 至 Q349)	
Q368	侧面精铣余量 (增量值)	精铣加工面上的余量	

表 4-18(续)

参数	名称	含义	参数示意图
Q338	精加工的进刀量 （增量值）	每刀进给量。 Q338 = 0：一次进给精铣	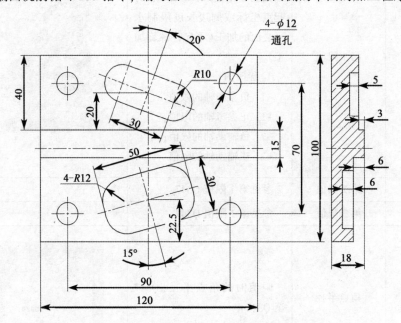

（三）端面铣削循环 233 编程应用

应用端面铣削循环 233 指令，编写图 4-36 所示凸台两侧的平面的加工程序。

图 4-36 端面铣削循环 233 零件加工图

参考程序节选如下：

…………

```
8   L Z+100 FMAX
9   L X-60 Y+50                              定义端面铣削循环起点
10  CYCL DEF 233 FACE MILLING               定义端面铣削循环
    Q215 = +0      ; MACHINING OPERATION    定义加工方式，0 是粗加工
                                            和精加工
    Q389 = +1      ; MILLING STRATEGY       定义加工方式，1 是折线加工
    Q350 = +1      ; MILLING DIRECTION      铣削方向
```

4–104

Q218 = +120	; FIRST SIDE LENGTH	第一侧边长度
Q219 = −40	; 2ND SIDE LENGTH	第二侧边长度
Q227 = +0	; STARTNG PNT 3RD AXIS	起始点的第三轴坐标
Q386 = −3	; END POINT 3RD AXIS	终点的第三轴坐标
Q369 = +0	; ALLOWANCE FOR FLOOR	底面的精铣余量
Q202 = +3	; MAX. PLUNGING DEPTH	最大切入深度
Q370 = +1.4	; TOOL PATH OVERLAP	路径行距系数, 范围为0.1~1.9999
Q207 = +300	; FEED RATE FOR MILLNG	铣削进给速率
Q385 = +200	; FINISHING FEED RATE	精加工进给率
Q253 = +500	; F PRE-POSITIONING	预定位进给速率
Q357 = +5	; CLEARANCE TO SIDE	到侧边的安全距离
Q200 = +8	; SET-UP CLEARANCE	安全高度
Q204 = +50	; 2ND SET-UP CLEARANCE	第二安全高度
Q347 = +0	; 1ST LIMIT	第1限值
Q348 = +0	; 2ND LIMIT	第2限值
Q349 = +0	; 3RD LIMIT	第3限值
Q220 = +0	; CORNER RADIUS	角点半径
Q368 = +0	; ALLOWANCE FOR SIDE	侧面精铣余量
Q338 = +0	; INFEED FOR FINISHING	精加工的进刀量
11 CYCL CALL		调用端面铣削循环
12 L X−60 Y−50		定义端面铣削循环起点
13 Q219 = 45		重新定义第二侧边长度
14 Q386 = −6		重新定义终点的第三轴坐标
15 CYCL CALL		调用端面铣削循环
16 L Z+100 FMAX		

…………

任务实践

应用多边形凸台循环、矩形型腔循环、圆弧槽循环、钻孔循环指令、阵列循环指令，编写如图4-37所示零件的加工程序, 设工件对称中心为编程坐标系原点。图4-37零件仿真加工效果如图4-38所示。

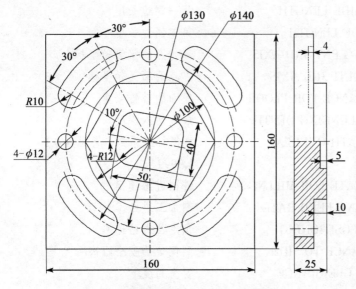

图 4-37 循环指令综合应用工作任务图

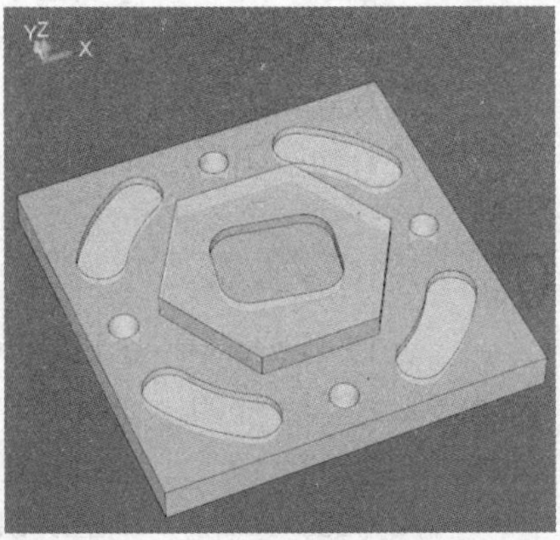

图 4-38 图 4-37 零件仿真加工效果图

参考程序如下：

```
0   BEGIN PGM TAIAOZH MM
1   BLK FORM 0.1 Z X-80 Y-80 Z-25
2   BLK FORM 0.2 X+80 Y+80 Z+0
3   CYCL DEF 247 DATUM SETTING
    Q339 = +1      ; DATUM NUMBER
4   TOOL CALL 1 Z S2000 F500                          调用 φ20 立铣刀
5   M13
6   L Z-5 R0 FMAX M91
7   L C+0 A+0 M91
8   L Z+100 FMAX
9   L X+0 Y+0                                         设定循环基准点
10  CYCL DEF 258 POLYGON STUD                         定义多边形铣削循环
    Q573 = +1      ; REFERENCE CIRCLE
    Q571 = +100    ; REF-CIRCLE DIAMETER
    Q222 = +230    ; WORKPIECE BLANK DIA.
    Q572 = +6      ; NUMBER OF CORNERS
    Q224 = +0      ; ANGLE OF ROTATION
    Q220 = +0      ; RADIUS ／ CHAMFER
    Q368 = +1      ; ALLOWANCE FOR SIDE
    Q207 = +300    ; FEED RATE FOR MILLNG
    Q351 = +1      ; CLIMB OR UP-CUT
```

```
    Q201 = -10      ; DEPTH
    Q202 = +5       ; PLUNGING DEPTH
    Q206 = +300     ; FEED RATE FOR PLNGNG
    Q200 = +5       ; SET-UP CLEARANCE
    Q203 = +0       ; SURFACE COORDINATE
    Q204 = +50      ; 2ND SET-UP CLEARANCE
    Q370 = +1.4     ; TOOL PATH OVERLAP
    Q215 = +0       ; MACHINING OPERATION
    Q369 = +1       ; ALLOWANCE FOR FLOOR
    Q338 = +0       ; INFEED FOR FINISHING
    Q385 = +200     ; FINISHING FEED RATE
11  CYCL CALL                              调用多边形铣削循环
12  L Z+100 FMAX
13  L X+0 Y+0
14  CYCL DEF 251 RECTANGULAR POCKET        定义矩形型腔铣削循环
    Q215 = +0       ; MACHINING OPERATION
    Q218 = +50      ; FIRST SIDE LENGTH
    Q219 = +40      ; 2ND SIDE LENGTH
    Q220 = +12      ; CORNER RADIUS
    Q368 = +1       ; ALLOWANCE FOR SIDE
    Q224 = -10      ; ANGLE OF ROTATION
    Q367 = +0       ; POCKET POSITION
    Q207 = +300     ; FEED RATE FOR MILLNG
    Q351 = +1       ; CLIMB OR UP-CUT
    Q201 = -5       ; DEPTH
    Q202 = +2.5     ; PLUNGING DEPTH
    Q369 = +1       ; ALLOWANCE FOR FLOOR
    Q206 = +200     ; FEED RATE FOR PLNGNG
    Q338 = +0       ; INFEED FOR FINISHING
    Q200 = +5       ; SET-UP CLEARANCE
    Q203 = +0       ; SURFACE COORDINATE
    Q204 = +50      ; 2ND SET-UP CLEARANCE
    Q370 = +1.4     ; TOOL PATH OVERLAP
    Q366 = +1       ; PLUNGE
    Q385 = +200     ; FINISHING FEED RATE
    Q439 = +3       ; FEED RATE REFERENCE
15  CYCL CALL                              调用矩形型腔铣削循环
```

16 TOOL CALL 2 Z S2000 F500   调用 φ16 立铣刀

17 M13

18 L Z+100 FMAX

19 CYCL DEF 254 CIRCULAR SLOT 定义圆弧槽铣削循环，加工 4 个
                   圆弧槽

  Q215 = +0   ; MACHINING OPERATION

  Q219 = +20   ; SLOT WIDTH

  Q368 = +1   ; ALLOWANCE FOR SIDE

  Q375 = +140 ; PITCH CIRCLE DIAMETR

  Q367 = +0   ; REF. SLOT POSITION

  Q216 = +0   ; CENTER IN 1ST AXIS

  Q217 = +0   ; CENTER IN 2ND AXIS

  Q376 = +30   ; STARTING ANGLE

  Q248 = +30   ; ANGULAR LENGTH

  Q378 = +90   ; STEPPING ANGLE

  Q377 = +4   ; NR OF REPETITIONS

  Q207 = +300 ; FEED RATE FOR MILLNG

  Q351 = +1   ; CLIMB OR UP-CUT

  Q201 = −4   ; DEPTH

  Q202 = +2   ; PLUNGING DEPTH

  Q369 = +1   ; ALLOWANCE FOR FLOOR

  Q206 = +150 ; FEED RATE FOR PLNGNG

  Q338 = +0   ; INFEED FOR FINISHING

  Q200 = +12   ; SET-UP CLEARANCE

  Q203 = −10   ; SURFACE COORDINATE

  Q204 = +50   ; 2ND SET-UP CLEARANCE

  Q366 = +2   ; PLUNGE

  Q385 = +200 ; FINISHING FEED RATE

  Q439 = +3   ; FEED RATE REFERENCE

20 CYCL CALL   调用圆弧槽铣削循环

21 L Z+100 FMAX

22 TOOL CALL 3 Z S2000 F150 调用 φ12 钻头

23 M13

24 L Z+100 FMAX

25 CYCL DEF 200 DRILLING   定义钻孔循环

  Q200 = +12   ; SET-UP CLEARANCE

  Q201 = −18   ; DEPTH

Q206＝+150   ; FEED RATE FOR PLNGNG

Q202＝+5   ; PLUNGING DEPTH

Q210＝+0   ; DWELL TIME AT TOP

Q203＝−10   ; SURFACE COORDINATE

Q204＝+50   ; 2ND SET-UP CLEARANCE

Q211＝+0   ; DWELL TIME AT DEPTH

Q395＝+0   ; DEPTH REFERENCE

26 CYCL DEF 220 POLAR PATTERN   定义阵列循环，加工4个孔

Q216＝+0   ; CENTER IN 1ST AXIS

Q217＝+0   ; CENTER IN 2ND AXIS

Q244＝+130   ; PITCH CIRCLE DIAMETR

Q245＝+0   ; STARTING ANGLE

Q246＝+360   ; STOPPING ANGLE

Q247＝+90   ; STEPPING ANGLE

Q241＝+4   ; NR OF REPETITIONS

Q200＝+12   ; SET-UP CLEARANCE

Q203＝−10   ; SURFACE COORDINATE

Q204＝+50   ; 2ND SET-UP CLEARANCE

Q301＝+1   ; MOVE TO CLEARANCE

Q365＝+0   ; TYPE OF TRAVERSE

27 M30

28 END PGM TAIAOZH MM

任务五　SL 铣削循环编程应用

任务描述

SL 铣削循环(以下简称 SL 循环)用于去除平面轮廓围成的型腔或凸台的余量。其典型应用的情况有三种，即去除凸台轮廓周边余量及精加工凸台、去除凹槽轮廓内部的余量及精加工凹槽，以及去除凹槽轮廓内有凸台轮廓的余量及精加工凹槽和凸台轮廓。SL 循环允许用不超过 12 个子轮廓(型腔或凸台)组成一个复杂轮廓，可以在子程序中定义各子轮廓。TNC 系统用循环 14(轮廓几何特征)中输入的子轮廓(子程序号)计算总轮廓。

通过本任务的学习，学生可以掌握 TNC 系统 SL 循环指令的程序格式及参数含义，掌握 SL 循环各个指令的具体用法，能应用 SL 循环指令编制零件加工程序。

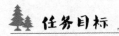任务目标

(1)掌握 TNC 系统 SL 循环中各个指令的格式及用法。
(2)应用 SL 循环指令编写指定零件的加工程序。

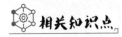相关知识点

一、SL 循环基础知识

（一）SL 循环调用过程

在编程模式下单击"⌨CYCL DEF"键启动循环定义，在底部软键区单击"SL循环"软键（见图 4-1），进入 SL 循环指令选择界面，见图 4-39。

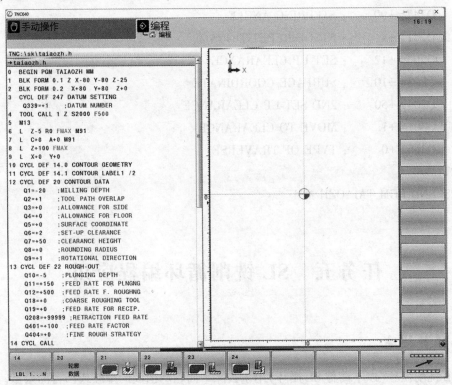

图 4-39　SL 循环指令选择界面

（二）SL 循环指令功能

SL 循环由循环 14（轮廓几何特征）、循环 20（轮廓数据）、循环 22（粗加工）、循环 23（底面精加工）、循环 24（侧面精加工）及轮廓子程序组成，铣削型腔前如要预钻孔，还需要应用循环 21（定心钻）。SL 循环指令功能见表 4-19。

表 4-19　SL 循环指令功能一览表

循环编号	名称	软键图例	功能和注意事项
14	轮廓循环（轮廓几何特征）	14 LBL 1...N	所有用于定义轮廓的子程序都在循环 14 列表中。循环 14 定义即生效，不需要调用。循环 14 中最多可有 12 个子程序(子轮廓)
20	轮廓数据	20 轮廓数据	在循环 20 中输入描述子轮廓的子程序加工数据。循环 20 定义即生效，不需要调用。在循环 20 中输入的加工数据适用于循环 21 至循环 24。循环参数 DEPTH(深度)的代数符号决定加工方向。如果编程 DEPTH＝0，TNC 系统在深度 0 处执行循环
21	定心钻	21	如果后续轮廓粗加工中使用的不是切削刃过中心的立铣刀，就可以使用循环 21。循环 21 考虑侧面余量和底面余量及在铣刀进刀点处粗加工刀的圆角。进刀点也可用作粗铣加工的起点
22	粗加工	22	用循环 22 定义粗加工切削数据。 调用循环 22 前，需要编写循环 14 和循环 20，如果需要预钻孔还需要编写循环 21
23	底面精加工	23	循环 23 用于切削循环 20 中编程的精加工底面余量。如果有足够空间，刀具平滑接近加工面(沿垂直相切圆弧)。如果没有足够空间，TNC 系统先将刀具沿垂直方向移至相应深度，再清除粗加工后剩余的精铣余量。 调用循环 23 前，需要编写循环 14 和循环 20。如果需要预钻孔，还需要编写循环 21。如果需要完整加工(粗加工和精加工)，还需要编写循环 22
24	侧面精加工	24	循环 24 用于切削循环 20 中编程的侧面精加工余量。用顺铣或逆铣方式运行该循环。 调用循环 24 前，需要编写循环 14 和循环 20。如果需要预钻孔，还需要编写 21。如果需要粗加工，还需要编写循环 22

（三）SL 循环轮廓（子程序）中型腔与凸台的定义方法

在 SL 循环编程中，需要明确所加工的对象是型腔还是凸台，TNC 系统通过轮廓的走刀方向结合刀具半径补偿的类型进行定义与判定。型腔的轮廓为内轮廓，刀具在轮廓内加工；凸台的轮廓为外轮廓，刀具在轮廓外加工。根据轮廓与刀具半径补偿的关联性，可以通过走刀方向（顺时针或逆时针）与刀具半径补偿类型（左刀补或右刀补）定义加工的对象是型腔或凸台。

1. 型腔定义

根据刀具半径补偿类型进行判定，铣削型腔时，若顺时针方向走刀，则必然用右刀补编程；若逆时针方向走刀，则必然用左刀补编程。因此，可推断所加工的轮廓为型腔。所以，可用以下两种方式定义型腔，如图 4-40 所示。

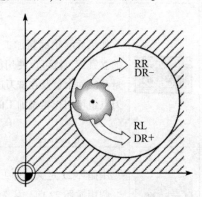

图 4-40　定义型腔示意图

方式 1：刀具顺时针走刀（DR-）+刀具半径右补偿（RR）。

方式 2：刀具逆时针走刀（DR+）+刀具半径左补偿（RL）。

2. 凸台定义

如图 4-41 所示，铣削凸台时，若顺时针方向走刀，则必然用左刀补编程；若逆时针方向走刀，则必然用右刀补编程。因此，可推断所加工的轮廓为凸台。所以，定义凸台有以下两种方式。

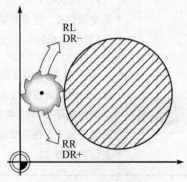

图 4-41　定义凸台示意图

方式1：刀具顺时针走刀（DR−）+刀具半径左补偿（RL）。

方式2：刀具逆时针走刀（DR+）+刀具半径右补偿（RR）。

通过走刀方向结合刀具半径补偿类型定义 SL 循环加工的轮廓是型腔还是凸台，该程序一般编为子程序，仅用于确定 SL 循环加工的范围。在实际编程中，为了方便判断是型腔还是凸台，凸台加工时应选择顺时针走刀路线且采用刀具半径左补偿(RL)，型腔加工时应选择逆时针走刀路线且采用刀具半径左补偿(RL)。

（四）SL 循环轮廓（子程序）编程注意事项

(1)允许子程序坐标变换，如果在子轮廓中编程，那么在后续的子程序中也有效，但在循环调用后不必复位。

(2)子程序中不允许含主轴坐标轴的坐标（深度），如在 XY 面加工编程，子程序中不能有 Z 轴坐标。

(3)在子程序第一个程序段中必须有加工面的两个坐标，如"L X+0 Y+10 RL"。

(4)子程序只用于确定轮廓的形状及判定轮廓是型腔还是凸台。

(5)子程序轮廓是封闭轮廓。

(6)编程时，只需要单纯地编程轮廓线和半径补偿类型，不需要编程进给率(F)、辅助功能(M)及接近、离开轮廓等指令。

二、SL 循环指令参数解析

（一）轮廓（几何特征）循环 14 参数解析

编程时，输入轮廓标记号(用于定义轮廓各子程序的标记，如 LBL 1，LBL 2，…)即可，见图4-42。输入用于定义轮廓各子程序的全部标记号，按"ENT"键确认各标记号。输入全部标记号后，按"END"键结束。输入不超过 12 个编号为 1~65535 的子程序。

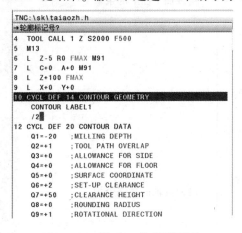

图4-42　循环 14 编程界面图

（二）轮廓数据循环 20 参数解析

轮廓数据循环 20 指令各个参数的名称、含义及示意图见表 4-20。

表 4-20　轮廓数据循环 20 指令参数的名称、含义及示意图

参数	名称	含义	参数示意图
Q1	铣削深度 （增量值）	工件表面与型腔底部之间的距离	
Q2	第一侧边长度	Q2×R（刀具半径）＝k（步长系数）。输入范围为$-0.0001\sim1.9999$	
Q3	侧面精铣余量 （增量值）	精铣加工面上的余量	
Q4	底面精铣余量 （增量值）	沿刀具轴的精铣余量	

表 4-20(续)

参数	名称	含义	参数示意图
Q5	工件表面坐标 (绝对值)	工件表面绝对坐标	
Q6	安全高度 (增量值)	刀尖与工件表面之间的距离	
Q7	第二安全高度 (绝对值)	刀具与工件表面不会发生碰撞的绝对高度(用于工序中定位和循环结束时退刀)	
Q8	内角半径	内"角"倒圆半径,输入值为相对刀具中点路径的数据,用于计算轮廓元素间平滑运动路径。 Q8 不是插入在编程元素之间一个独立元素的半径	
Q9	旋转方向	型腔的加工方向。 Q9=-1 为逆铣型腔和凸台; Q9=+1 为顺铣型腔和凸台	

（三）定心钻循环 21 参数解析

定心钻循环 21 用于预钻孔，便于铣刀垂直下刀，定义循环前先确定预钻孔位置。循环 21 用于在进刀点执行定心钻，进刀点可用作粗铣加工的起点。

定心钻循环 21 指令各个参数的名称、含义及示意图见表 4-21。

表 4-21　定心钻循环 21 指令参数的名称、含义及示意图

参数	名称	含义	参数示意图
Q10	切入深度	每次进给刀具所钻入的尺寸（负号表示负加工方向）	
Q11	切入进给速率	切入工件时刀具运动速度，单位为 mm/min	
Q13	粗加工刀号/刀名	粗铣刀的刀号或刀名。可用软键直接应用刀具表中刀具。（如果钻孔刀具大于粗铣刀，TNC 系统可能无法执行预钻孔操作。如果 Q13=0，TNC 系统用主轴中当前刀具的数据）	

（四）粗加工循环 22 参数解析

粗加工循环 22 指令各个参数的名称、含义及示意图见表 4-22。

表 4-22　粗加工循环 22 指令参数的名称、含义及示意图

参数	名称	含义	参数示意图
Q10	切入深度（增量值）	每刀进给量	

表 4-22（续）

参数	名称	含义	参数示意图
Q11	切入进给速率	刀具沿主轴坐标轴的运动速度	
Q12	铣削进给速率	刀具在加工面上的移动速度	
Q18	粗铣刀 粗加工刀号/刀名	一般，Q18＝0 时，无另外粗加工刀具；Q18≠0 时，则此刀具必须比原粗加工刀具直径大，只进行半精加工	
Q19	往复进给速率	往复切入铣削过程中的刀具运动速度，单位为 mm/min。 如果定义 Q19＝0，那么刀具垂直切入；如果定义 ANGLE（角）＝90°，那么刀具将垂直切入，Q19 用作切入进给速率。 Q19≠0 时，系统以螺旋下刀切入，此时，在刀具表中必须先定义刀具的切削刃长度参数 LCUTS，并定义刀具最大切入角参数 ANGLE	
Q208	退刀速度	加工后的退刀移动速度，单位为 mm/min。如果输入 Q208＝0，那么 TNC 系统将以 Q12 的进给速率退刀	

表 4-22(续)

参数	名称	含义	参数示意图
Q401	进给速率系数（百分数）	进给速率系数用于粗加工时，在刀具的整个圆周面进入被加工材料后，TNC 系统降低加工进给速率（Q12）。如果使用进给速率降低功能，就可以将粗加工的速率定义得足够大，以便在按照循环 20 中定义的路径行距系数（Q2）加工时达到最佳的铣削状态。输入范围为 0.0001～100.0000	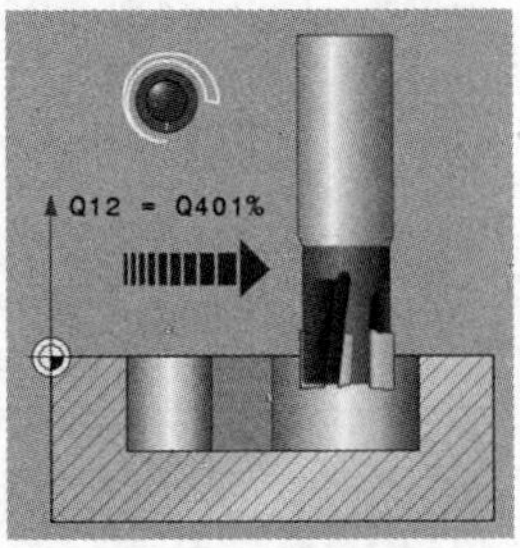
Q404	半精加工方式	如果半精加工刀具半径大于粗加工刀具半径，那么应指定半精加工方式。 Q404 = 0：TNC 系统将刀具沿该轮廓，在当前深度位置需半精加工的部位之间运动。 Q404 = 1：TNC 系统在需半精加工的部位之间将刀具退刀至安全高度，并运动到下个需粗加工部位的起点位置	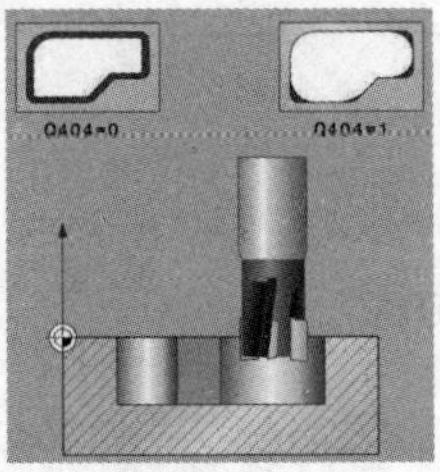

（五）底面精加工循环 23 参数解析

底面精加工循环 23 指令各个参数的名称、含义及示意图见表 4-23。

表 4-23　底面精加工循环 23 指令参数的名称、含义及示意图

参数	名称	含义	参数示意图
Q11	切入进给速率	切入工件时刀具运动速度，单位为 mm/min	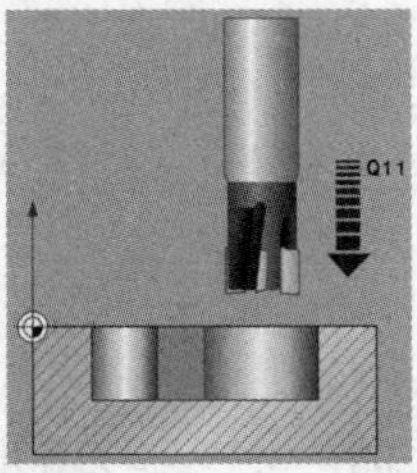

表 4-23(续)

参数	名称	含义	参数示意图
Q12	铣削进给速率	刀具在加工面上的移动速度	
Q208	退刀速度	加工后的退刀移动速度, 单位为 mm/min。如果输入 Q208 = 0, 那么 TNC 系统将以 Q12 的进给速率退刀	

(六)侧面精加工循环 24 参数解析

侧面精加工循环 24 指令各个参数的名称、含义及示意图见表 4-24。

表 4-24 侧面精加工循环 24 指令参数的名称、含义及示意图

参数	名称	含义	参数示意图
Q9	旋转方向	加工方向。 +1: 逆时针转动; -1: 顺时针转动	
Q10	切入深度 (增量值)	每刀进给量	

表 4-24(续)

参数	名称	含义	参数示意图
Q11	切入进给速率	切入工件时刀具运动速度，单位为 mm/min	
Q12	铣削进给速率	刀具在加工面上的移动速度	
Q14	侧面精加工余量（增量值）	侧面 Q14 的余量是精加工后留下的余量。该余量必须小于循环 20 中的余量	
Q438	粗加工刀号/刀名	输入粗铣刀的刀号或刀名	

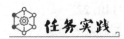

一、SL 循环加工凸台轮廓

应用 SL 循环指令，编写如图 4-43 所示的凸台轮廓的加工程序。要求：不进行精加工，不保留凸台及底面余量；以 160 mm×160 mm 轮廓作为去除余量的假想型腔轮廓；13 个 φ10 的孔不进行编程。该零件仿真加工轨迹如图 4-44 所示。

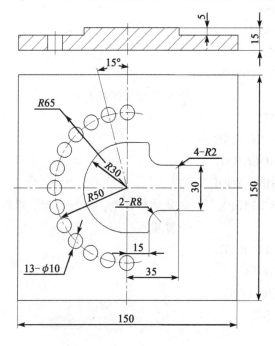

图 4-43 SL 循环凸台加工图

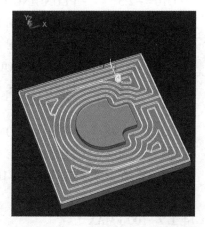

图 4-44 图 4-43 零件仿真加工轨迹图

参考程序如下：

```
0   BEGIN PGM 455 MM
1   BLK FORM 0.1 Z X-75 Y-75 Z-15
2   BLK FORM 0.2 X+75 Y+75 Z+0
3   CYCL DEF 247 DATUM SETTING
    Q339=+1        ; DATUM NUMBER
4   TOOL CALL 1 Z S2000 F500
5   M13
6   L Z-5 R0 FMAX M91
7   L C+0 A+0 M91
8   L Z+100 FMAX
9   CYCL DEF 14.0 CONTOUR GEOMETRY        定义轮廓几何特征循环
10  CYCL DEF 14.1 CONTOUR LABEL11 /22     调用凸台子程序"LBL 11"、型腔
```

4-121

轮廓子程序"LBL 22"

```
11  CYCL DEF 20 CONTOUR DATA              定义轮廓加工的基本参数
      Q1=-5          ; MILLING DEPTH
      Q2=+1          ; TOOL PATH OVERLAP
      Q3=+0          ; ALLOWANCE FOR SIDE
      Q4=+0          ; ALLOWANCE FOR FLOOR
      Q5=+0          ; SURFACE COORDINATE
      Q6=+5          ; SET-UP CLEARANCE
      Q7=+50         ; CLEARANCE HEIGHT
      Q8=+2          ; ROUNDING RADIUS
      Q9=-1          ; ROTATIONAL DIRECTION
12  CYCL DEF 22 ROUGH-OUT                 定义粗加工循环参数
      Q10=-2.5       ; PLUNGING DEPTH
      Q11=+150       ; FEED RATE FOR PLNGNG
      Q12=+200       ; FEED RATE F. ROUGHNG
      Q18=+0         ; COARSE ROUGIIING TOOL
      Q19=+100       ; FEED RATE FOR RECIP.
      Q208=+500      ; RETRACTION FEED RATE
      Q401=+80       ; FEED RATE FACTOR
      Q404=+0        ; FINE ROUGH STRATEGY
13  CYCL CALL      调用 SL 循环
14  L Z+100 FMAX
15  M30
16  LBL 11                                定义凸台轮廓子程序
17  L X+35 Y+0 RL                         第一个程序段中必须有两个坐标，定义刀具半径补偿
18  L X+35 Y-15
19  RND R2
20  L X+15 Y-15
21  RND R8
22  L X+15 Y-30
23  L X+0 Y-30
24  CR X+0 Y+30 R+30 DR-
25  L X+15 Y+30
26  RND R2
27  L X+15 Y+15
```

往复进给速率，Q19≠0 时，螺旋下刀切入

28 RND R8

29 L X+35 Y+15

30 RND R2

31 L X+35 Y+0

32 LBL 0　　　　　　　　　　　　　　　　子程序结束

33 LBL 22　　　　　　　　　　　　　　　定义假想型腔轮廓子程序

34 L X+80 Y+0 RL　　　　　　　　　　第一个程序段中必须有两个坐

　　　　　　　　　　　　　　　　　　　标, 定义刀具半径补偿

35 L X+80 Y+80

36 L X−80 Y+80

37 L X−80 Y−80

38 L X+80 Y−80

39 L X+80 Y+0

40 LBL 0　　　　　　　　　　　　　　　　子程序结束

41 END PGM 455 MM

二、SL 循环加工型腔轮廓

应用 SL 循环指令, 编写如图 4-45 所示的型腔轮廓的加工程序。要求: 对型腔底面进行精加工; 13 个 φ10 的孔不进行编程。该零件仿真加工轨迹如图 4-46 所示。

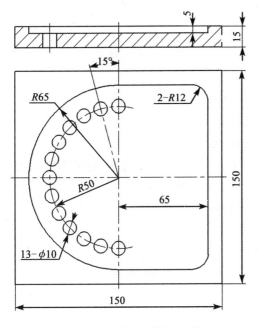

图 4-45　SL 循环型腔加工图

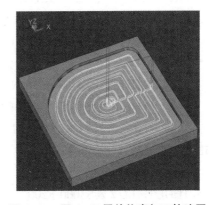

图 4-46　图 4-45 零件仿真加工轨迹图

参考程序如下:

0　BEGIN PGM 457 MM

```
1   BLK FORM 0.1 Z X-75 Y-75 Z-15
2   BLK FORM 0.2 X+75 Y+75 Z+0
3   CYCL DEF 247 DATUM SETTING
    Q339=+1        ; DATUM NUMBER
4   TOOL CALL 1 Z S2000 F500
5   M13
6   L Z-5 R0 FMAX M91
7   L C+0 A+0 M91
8   L Z+100 FMAX
9   CYCL DEF 14.0 CONTOUR GEOMETRY          定义轮廓几何特征循环
10  CYCL DEF 14.1 CONTOUR LABEL33           型腔轮廓子程序"LBL 33"
11  CYCL DEF 20 CONTOUR DATA                定义轮廓加工的基本参数
    Q1=-5          ; MILLING DEPTH
    Q2=+1          ; TOOL PATH OVERLAP
    Q3=+0          ; ALLOWANCE FOR SIDE
    Q4=+1          ; ALLOWANCE FOR FLOOR    底面精铣余量
    Q5=+0          ; SURFACE COORDINATE
    Q6=+5          ; SET-UP CLEARANCE
    Q7=+50         ; CLEARANCE HEIGHT
    Q8=+3          ; ROUNDING RADIUS
    Q9=-1          ; ROTATIONAL DIRECTION
12  CYCL DEF 22 ROUGH-OUT                   定义粗加工循环参数
    Q10=-2         ; PLUNGING DEPTH
    Q11=+150       ; FEED RATE FOR PLNGNG
    Q12=+200       ; FEED RATE F. ROUGHNG
    Q18=+0         ; COARSE ROUGHING TOOL
    Q19=+100       ; FEED RATE FOR RECIP.   往复进给速率，Q19≠0时，螺旋
                                            下刀切入
    Q208=+500      ; RETRACTION FEED RATE
    Q401=+80       ; FEED RATE FACTOR
    Q404=+0        ; FINE ROUGH STRATEGY
13  CYCL CALL                               调用SL循环
14  L Z+100 FMAX
15  TOOL CALL 2 Z S3000 F200                换精加工刀具
16  M13
17  CYCL DEF 23 FLOOR FINISHING             定义底面精加工参数
    Q11=+150       ; FEED RATE FOR PLNGNG
```

```
   Q12 = +300      ; FEED RATE F. ROUGHNG
   Q208 = +500     ; RETRACTION FEED RATE
18 CYCL CALL                                    调用 SL 底面精加工循环
19 M30
20 LBL 33                                       定义型腔轮廓子程序
21 L X+65 Y+0 RL                                第一个程序段中必须有两个坐
                                                标,定义刀具半径补偿
22 L Y+65
23 RND R12
24 L X+0
25 CR X+0 Y−65 R+65 DR+
26 L X+65 Y−65
27 RND R12
28 L X+65 Y+0
29 LBL 0                                        子程序结束
30 END PGM 455 MM
```

三、SL 循环加工型腔和凸台轮廓

应用 SL 循环指令,编写如图 4-47 所示的型腔和凸台轮廓的加工程序。要求:型腔和凸台轮廓的侧面进行精加工;13 个 $\phi10$ 的孔不进行编程。该零件仿真加工轨迹如图 4-48所示。

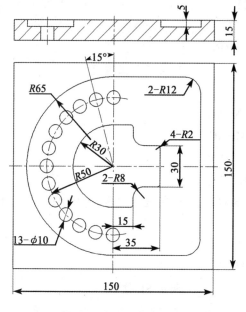

图 4-47　SL 循环型腔和凸台加工图

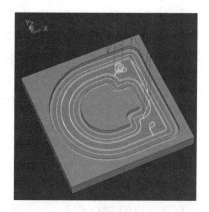

图 4-48　图 4-47 零件仿真加工轨迹图

参考程序如下：

```
0   BEGIN PGM 459 MM
1   BLK FORM 0.1 Z X-75 Y-75 Z-15
2   BLK FORM 0.2 X+75 Y+75 Z+0
3   CYCL DEF 247 DATUM SETTING
    Q339＝+1        ; DATUM NUMBER
4   TOOL CALL 1 Z S2000 F500
5   M13
6   L Z-5 R0 FMAX M91
7   L C+0 A+0 M91
8   L Z+100 FMAX
9   CYCL DEF 14.0 CONTOUR GEOMETRY          定义轮廓几何特征循环
10  CYCL DEF 14.1 CONTOUR LABEL 11/33       调用凸台子程序"LBL 11"、
                                            型腔轮廓子程序"LBL 33"
11  CYCL DEF 20 CONTOUR DATA                定义轮廓加工的基本参数
    Q1＝-5         ; MILLING DEPTH
    Q2＝+1         ; TOOL PATH OVERLAP
    Q3＝+3         ; ALLOWANCE FOR SIDE
    Q4＝+0         ; ALLOWANCE FOR FLOOR     侧面精铣余量
    Q5＝+0         ; SURFACE COORDINATE
    Q6＝+5         ; SET-UP CLEARANCE
    Q7＝+50        ; CLEARANCE HEIGHT
    Q8＝+3         ; ROUNDING RADIUS
    Q9＝+1         ; ROTATIONAL DIRECTION
12  CYCL DEF 22 ROUGH-OUT                   定义粗加工循环参数
    Q10＝-2.5      ; PLUNGING DEPTH
    Q11＝+150      ; FEED RATE FOR PLNGNG
    Q12＝+200      ; FEED RATE F. ROUGHNG
    Q18＝+0        ; COARSE ROUGHING TOOL
    Q19＝+100      ; FEED RATE FOR RECIP.
    Q208＝+500     ; RETRACTION FEED RATE    往复进给速率，Q19≠0 时，螺旋
                                            下刀切入
    Q401＝+80      ; FEED RATE FACTOR
    Q404＝+0       ; FINE ROUGH STRATEGY
13  CYCL CALL                               调用 SL 循环
14  L Z+100 FMAX
15  TOOL CALL 2 Z S3000 F200                换精加工刀具
```

16 M13

17 CYCL DEF 24 SIDE FINISHING   定义侧面精加工循环

    Q9 = +1   ; ROTATIONAL DIRECTION

    Q10 = −5   ; PLUNGING DEPTH

    Q11 = +150   ; FEED RATE FOR PLNGNG

    Q12 = +300   ; FEED RATE F. ROUGHNG

    Q14 = +0   ; ALLOWANCE FOR SIDE

    Q438 = +1   ; ROUGH-OUT TOOL

18 CYCL CALL   调用 SL 侧面精加工循环

19 M30

20 LBL 33   定义型腔轮廓子程序

21 L X+65 Y+0 RL

22 L Y+65

23 RND R12

24 L X+0

25 CR X+0 Y−65 R+65 DR+

26 L X+65 Y−65

27 RND R12

28 L X+65 Y+0

29 LBL 0

30 LBL 11   定义凸台轮廓子程序

31 L X+35 Y+0 RL

32 L X+35 Y−15

33 RND R2

34 L X+15 Y−15

35 RND R8

36 L X+15 Y−30

37 L X+0 Y−30

38 CR X+0 Y+30 R+30 DR−

39 L X+15 Y+30

40 RND R2

41 L X+15 Y+15

42 RND R8

43 L X+35 Y+15

44 RND R2

45 L X+35 Y+0

46 LBL 0

47 END PGM 459 MM

任务六　坐标变换循环编程应用

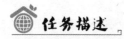 **任务描述**

对于形状相同而位置不同的加工元素，常常用坐标变换循环进行编程，这样可以简化程序的编制步骤。坐标变换方式有原点平移、旋转、镜像和缩放等。其中，原点平移是所有坐标变换的基础，一般先进行原点平移，再进行旋转、镜像和缩放。取消坐标变换功能时，应先取消旋转、镜像和缩放，最后取消原点平移。应用坐标变换循环编程时，选取形状相同的多个加工元素中的一个容易编程的加工元素，设定为子程序，坐标变换时对该子程序进行变换。

通过本任务的学习，学生可以掌握 TNC 系统坐标变换循环指令的程序格式及参数含义，掌握坐标变换循环各个指令的具体用法，能应用坐标变换循环编制零件加工程序。

🌲 **任务目标**

（1）掌握 TNC 系统坐标变换循环中各个指令的格式及用法。
（2）应用坐标变换循环指令，编写指定零件的加工程序。

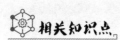 **相关知识点**

一、坐标变换循环基础知识

（一）坐标变换循环调用过程

在编程模式下单击"CYCL DEF"键启动循环定义，在底部软键区单击" 坐标 变换 "软键（见图4-1），进入坐标变换循环指令选择界面，见图4-49。

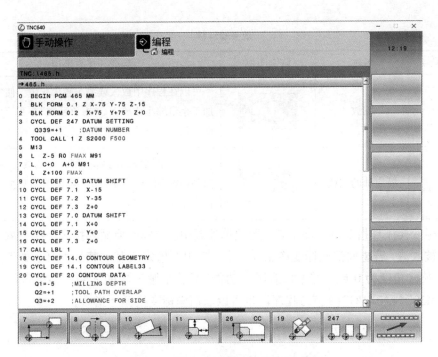

图4-49 坐标变换循环指令选择界面

(二)坐标变换循环指令功能

坐标变换循环指令包括循环7(原点平移)、循环247(原点设置)、循环8(镜像)、循环10(旋转)、循环11(缩放)及循环26(特定轴的缩放)。坐标变换循环指令功能见表4-25。

表4-25 坐标变换循环指令功能一览表

循环编号	名称	软键图例	功能和注意事项
7	原点平移		使加工能够在工件的多个不同位置重复进行。循环7定义后,全部坐标数据都将基于新原点
247	原点设置		循环247可以将预设表中定义的预设点作为新原点。定义循环247后,全部坐标输入值和原点平移(绝对值和增量值)均将相对新预设点
8	镜像		可在加工面上加工轮廓的镜像。循环8在程序中定义即生效,对于手动数据输入定位操作模式也有效
10	旋转		可以在程序中围绕当前加工面的原点旋转坐标系。循环10在程序中定义即生效,在手动数据输入定位操作模式下也有效。旋转角度输入范围为−360.000°~360.000°

表 4-25（续）

循环编号	名称	软键图例	功能和注意事项
11	缩放		可以在程序中放大或缩小轮廓尺寸，使编程的加工余量缩小或放大。"缩放系数"在程序中定义即生效，对于手动数据输入定位操作模式也有效
26	特定轴的缩放		支持每个轴分别的缩小和放大系数。"缩放系数"在程序中定义即生效，对于手动数据输入定位操作模式也有效

坐标变换循环指令定义即生效，无须单独调用，坐标变换循环指令保持有效直到被改变或被取消。若想取消坐标变换循环指令，需用新值定义基本特性循环，如缩放系数为 1.0、旋转角度为 0 或复位（取消循环功能）后，原循环功能才终止。执行辅助功能"M2""M30""END PG"（结束）程序段也可以取消坐标变换循环指令。

二、原点平移循环 7

（一）原点平移循环 7 的作用与过程

原点平移循环 7 使加工能够在工件的多个不同位置重复进行。其实质是平移坐标系，可以建立方便编程的局部坐标系。定义循环 7 后，全部坐标数据都将基于新原点。TNC 系统在附加状态栏显示各坐标轴的原点平移数据，也允许输入旋转轴。

如图 4-50 所示，要编制凸台 2 的轮廓加工程序，可先以工件坐标系原点（凸台 1）为基准进行编制，再应用循环 7 指令将坐标系平移到凸台 2 的位置进行加工。以工件坐标系原点（凸台 1）坐标系编制加工程序，基点坐标计算起来比较简单，编程也比较方便。

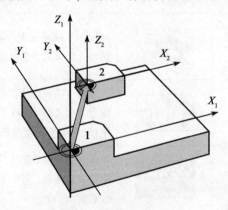

图 4-50 坐标变换示意图

（二）原点平移循环 7 指令编程格式

如图 4-50 所示，先在工件坐标系原点处编制加工凸台 1 的程序并定义成子程序，再通过原点平移指令实现凸台 2 的加工。

具体编程格式如下：

…………

CALL LBL...	调用加工凸台 1 的子程序
CYCL DEF 7.0 DATUM SHIFT	定义坐标平移循环
CYCL DEF 7.1 X+50	X 轴平移 50
CYCL DEF 7.2 Y+30	Y 轴平移 50
CYCL DEF 7.3 Z+0	Z 轴平移 0，不平移可以不编程
CALL LBL ...	调用加工凸台 1 的子程序，结合平移指令加工凸台 2
CYCL DEF 7.0 DATUM SHIFT	定义坐标平移循环
CYCL DEF 7.1 X+0	X 轴输入 0，取消 X 轴平移
CYCL DEF 7.2 Y+0	Y 轴输入 0，取消 Y 轴平移
CYCL DEF 7.3 Z+0	Z 轴输入 0，取消 Z 轴平移

…………

输入平移坐标时，绝对值为相对人工设置的工件原点；增量值永远相对于上一个有效原点，也可以是平移后的原点。

三、原点设置循环 247

原点设置循环 247 可以将预设表中定义的预设点作为新原点。定义原点设置循环 247 后，全部坐标输入值和原点平移(绝对值和增量值)均将相对新预设点。

原点设置运行后，在附加状态栏(位置显示状态)中，TNC 系统在原点符号后显示当前预设点号，见图 4-51。循环 247 在"测试运行"操作模式下不起作用。

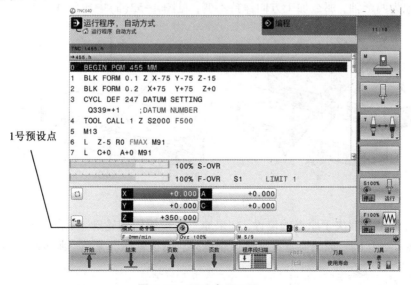

图 4-51　预设点显示图

原点设置循环 247 编程格式如下：

```
0   BEGIN PGM 455 MM
1   BLK FORM 0.1 Z X-75 Y-75 Z-15
2   BLK FORM 0.2 X+75 Y+75 Z+0
3   CYCL DEF 247 DATUM SETTING          原点设置
    Q339 = +1      ; DATUM NUMBER        原点编号
4   TOOL CALL 1 Z S2000 F500
5   M13
6   L Z-5 R0 FMAX M91
7   L C+0 A+0 M91
8   L Z+100 FMAX
```
…………

编程时，可以输入预设表中的所需原点号，也可以用软键选择并从预设表中选择所需原点，输入范围为 0~65535。激活预设表中的一个原点时，TNC 系统复位原点平移、镜像、旋转、缩放系数和轴相关缩放系数。如果激活预设点号 0（行 0），那么激活手动操作或电子手轮操作模式设置的最新原点。

四、镜像循环 8

（一）镜像循环 8 的作用与过程

镜像循环 8 可以对加工平面上的加工轮廓进行镜像，其在程序中定义即生效，对于手动数据输入定位操作模式也有效，附加状态栏显示当前镜像轴。如果仅镜像一个轴，那么刀具的加工方向将反向，见图 4-52（a）中轮廓 A 与 D 或轮廓 A 与 B（除 SL 循环外）。如果镜像为两个轴，那么加工方向保持不变，见图 4-52（a）中轮廓 A 与 C。

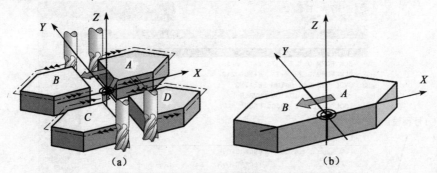

图 4-52　镜像示意图

镜像的结果取决于原点的位置，如果原点在被镜像的轮廓上，那么轮廓元素将在对面，见图 4-52（b）。如果原点在被镜像轮廓外，那么轮廓元素将"跳"到另一位置，见图 4-52（a）。

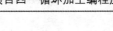

（二）镜像循环 8 编程格式

如图 4-53 所示，把轮廓 1 定义成子程序，应用循环 8 加工轮廓 2，3，4。由轮廓 1 镜像加工轮廓 2，编程"CYCL DEF 8.1 X"。由轮廓 1 镜像加工轮廓 3，编程"CYCL DEF 8.1 X Y"。由轮廓 1 镜像加工轮廓 4，编程"CYCL DEF 8.1 Y"。

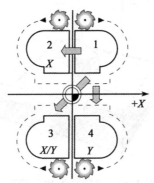

图 4-53　镜像编程示意图

把图 4-53 中轮廓 1 的加工程序设定为"LBL 1"，循环 8 编程格式如下：

…………

8	L Z+100 FMAX	
9	CALL LBL 1	调用子程序，加工轮廓 1
10	CYCL DEF 8.0 MIRROR IMAGE	定义镜像循环
11	CYCL DEF 8.1 X	输入 X 轴，关于 Y 轴同时镜像
12	CALL LBL 1	调用子程序，加工轮廓 2
13	CYCL DEF 8.0 MIRROR IMAGE	定义镜像循环
14	CYCL DEF 8.1 X Y	输入 X，Y 轴，关于 X，Y 轴同时镜像
15	CALL LBL 1	调用子程序，加工轮廓 3
16	CYCL DEF 8.0 MIRROR IMAGE	定义镜像循环
17	CYCL DEF 8.1 Y	输入 Y 轴，关于 X 轴镜像
18	CALL LBL 1	调用子程序，加工轮廓 4
19	CYCL DEF 8.0 MIRROR IMAGE	定义镜像循环
20	CYCL DEF 8.1	未输入轴，取消镜像循环

…………

镜像循环编程时，如果不输入坐标轴(见上面程序第 20 行)，那么按一下"NO ENT"(不输入)键，最后编程显示的"CYCL DEF 8.1"表示取消循环 8。

五、旋转循环 10

（一）旋转循环 10 的作用与过程

旋转循环 10 在程序中围绕当前加工面的原点旋转坐标系，见图 4-54。旋转循环 10

在程序中定义即生效，在手动数据输入定位操作模式下也有效，附加状态栏将显示当前旋转角。旋转循环定义 10 旋转角的参考轴规定：XY 平面为 X 轴，XY 平面为 Y 轴，ZX 平面为 Z 轴；逆时针方向为旋转角正方向；用 0° 旋转角表示取消循环。定义旋转循环 10 将取消当前半径补偿功能。

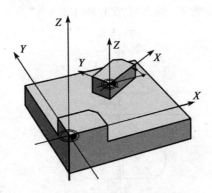

图 4-54 旋转循环 10 示意图

（二）旋转循环 10 编程格式

如图 4-55 所示，把轮廓 A 定义成子程序，应用原点平移循环 7、旋转循环 10 完成轮廓 B 的加工。

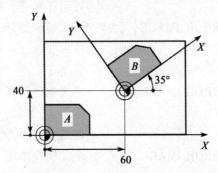

图 4-55 旋转循环 10 编程示意图

把图 4-55 中的轮廓 A 的加工程序设定为"LBL 1"，旋转循环 10 编程格式如下：

…………

11 L Z+100 FMAX	
12 CALL LBL 1	调用子程序，加工轮廓 A
13 CYCL DEF 7.0 DATUM SHIFT	定义原点平移
14 CYCL DEF 7.1 X+60	X 轴平移 60
15 CYCL DEF 7.2 Y+40	Y 轴平移 40
16 CYCL DEF 10.0 ROTATION	定义旋转循环
17 CYCL DEF 10.1 ROT+35	逆时针方向旋转 35°
18 CALL LBL 1	调用子程序，加工轮廓 B

19 CYCL DEF 10.0 ROTATION	定义旋转循环
20 CYCL DEF 10.1 ROT 0	旋转角度输入 0，取消旋转循环
21 CYCL DEF 7.0 DATUM SHIFT	
22 CYCL DEF 7.1 X+0	X 轴输入 0，取消 X 轴平移
23 CYCL DEF 7.2 Y+0	Y 轴输入 0，取消 Y 轴平移

…………

六、缩放循环 11 和特定轴的缩放循环 26

（一）缩放的作用与过程

缩放循环可以在程序中放大或缩小轮廓尺寸，使编程的加工余量缩小或放大，见图 4-56。"缩放系数"在程序中定义即生效，对于手动数据输入定位操作模式也有效，附加状态栏将显示当前缩放系数。缩放循环 11 指令的缩放系数同时影响三个坐标轴的编程尺寸大小。特定轴的缩放循环 26 指令的缩放系数支持每个轴分别的缩小和放大。

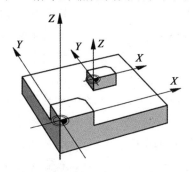

图 4-56　缩放循环 11 示意图

应用缩放循环时，先将原点设置在轮廓边或角点处。放大时，缩放系数（SCL）大于 1（最大至 99.999999）；缩小时，缩放系数（SCL）小于 1（最小至 0.000001）；取消缩放循环时，缩放系数等于 1。

值得注意的是，应用特定轴的缩放循环 26 时，圆弧的两个坐标轴的放大或缩小系数必须相同，再用各特定坐标轴的缩放系数分别对其坐标轴进行编程。此外，可以输入一个适用于中心的全部坐标轴的缩放系数，轮廓尺寸相对中心放大或缩小，不必（像缩放循环 11）相对当前原点。

（二）缩放循环编程格式

如图 4-57 所示，把轮廓 A 定义成子程序，应用原点平移循环 7、缩放循环 11 完成轮廓 B 的加工。缩放系数是 0.25，即把 A 轮廓缩小 1/4 得到 B 轮廓。

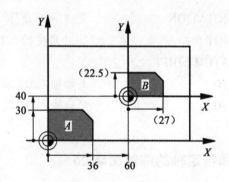

图 4-57　缩放循环 11 编程示意图

把图 4-57 中的轮廓 A 的加工程序设定为"LBL 1"，循环 11 编程格式如下：

…………

8	CALL LBL 1	
9	CYCL DEF 7.0 DATUM SHIFT	调用子程序，加工轮廓 A
10	CYCL DEF 7.1 X+60	X 轴平移 60
11	CYCL DEF 7.2 Y+40	Y 轴平移 40
12	CYCL DEF 11.0 SCALING	定义缩放循环
13	CYCL DEF 11.1 SCL 0.75	缩放系数 0.75
14	CALL LBL 1	调用子程序，加工轮廓 B
15	CYCL DEF 11.0 SCALING	定义缩放循环
16	CYCL DEF 11.1 SCL 1	取消缩放，缩放系数 1
17	CYCL DEF 7.0 DATUM SHIFT	定义坐标平移循环
18	CYCL DEF 7.1 X+0	X 轴输入 0，取消 X 轴平移
19	CYCL DEF 7.2 Y+0	Y 轴输入 0，取消 Y 轴平移
20	L Z+100 R0 FMAX	

…………

用循环 11 编程时，输入缩放系数（SCL），TNC 系统将坐标值和半径与缩放系数（SCL）相乘得到缩放轮廓值，见图 4-58(a)。

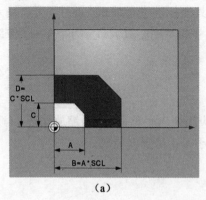

（a）

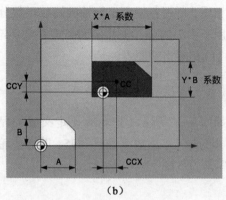

（b）

图 4-58　缩放系数示意图

应用特定轴的缩放循环 26 时,需要定义各个坐标轴不同的缩放系数,还可以定义缩放中心,见图 4-58(b)。

特定轴的缩放循环 26 编程参考如下:

……………

25 CALL LBL 1

26 CYCL DEF 26.0 AXIS-SPECIFIC SCALING

27 CYCL DEF 26.1 X1.4 Y0.6 CCX+15 CCY+20　　　X 轴缩放系数 1.4,Y 缩放系数 0.6,缩放中心在(15,20)

28 CALL LBL 1

……………

 任务实践

应用 SL 循环指令和坐标变换循环指令,按照要求编写下面 4 个图形的加工程序。

(1)应用 SL 循环指令编写图 4-59 所示的型腔加工程序。

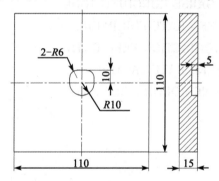

图 4-59　型腔加工图

参考程序如下:

0　BEGIN PGM 4611 MM

1　BLK FORM 0.1 Z X−55 Y−55 Z−15

2　BLK FORM 0.2 X+50 Y+50 Z+0

3　CYCL DEF 247 DATUM SETTING
　　Q339＝+1　　　; DATUM NUMBER

4　TOOL CALL 1 Z S2000 F500

5　M13

6　L Z−5 R0 FMAX M91

7　L C+0 A+0 M91

8　L Z+100 FMAX

9　CYCL DEF 14.0 CONTOUR GEOMETRY　　　定义 SL 循环,调用子程序 1

10 CYCL DEF 14.1 CONTOUR LABEL1

```
11 CYCL DEF 20 CONTOUR DATA              定义 SL 循环轮廓加工的基本参数
   Q1 = -5        ; MILLING DEPTH
   Q2 = +1        ; TOOL PATH OVERLAP
   Q3 = +2        ; ALLOWANCE FOR SIDE
   Q4 = +1        ; ALLOWANCE FOR FLOOR
   Q5 = +0        ; SURFACE COORDINATE
   Q6 = +5        ; SET-UP CLEARANCE
   Q7 = +50       ; CLEARANCE HEIGHT
   Q8 = +2        ; ROUNDING RADIUS
   Q9 = +1        ; ROTATIONAL DIRECTION
12 CYCL DEF 22 ROUGH-OUT                 定义 SL 循环粗加工循环参数
   Q10 = -2       ; PLUNGING DEPTH
   Q11 = +150     ; FEED RATE FOR PLNGNG
   Q12 = +200     ; FEED RATE F. ROUGHNG
   Q18 = +0       ; COARSE ROUGHING TOOL
   Q19 = +100     ; FEED RATE FOR RECIP.
   Q208 = +500    ; RETRACTION FEED RATE
   Q401 = +80     ; FEED RATE FACTOR
   Q404 = +0      ; FINE ROUGH STRATEGY
13 CYCL CALL                             调用 SL 循环
14 L Z+100 FMAX
15 M30
16 LBL 1                                 定义子程序 1，型腔轮廓编程
17 L X+0 Y+10 RL
18 L X-10 Y+10
19 RND R6
20 L X-10 Y+0
21 CR X+10 Y+0 R+10 DR+
22 L X+10 Y+10
23 RND R6
24 L X+0 Y+10
25 LBL 0                                 子程序结束
26 END PGM 4611 MM
```

（2）应用坐标变换循环指令中的平移和旋转指令，将图 4-59 中的型腔平移到（0，-40）位置并进行旋转，最后编写图 4-60 所示的 3 个轮廓加工程序。

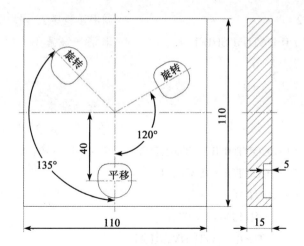

图 4-60　型腔平移、旋转加工图

参考程序如下：

0	BEGIN PGM 4612 MM	
1	BLK FORM 0.1 Z X−55 Y−55 Z−15	
2	BLK FORM 0.2 X+50 Y+50 Z+0	
3	CYCL DEF 247 DATUM SETTING	
	Q339＝+1　　　; DATUM NUMBER	
4	TOOL CALL 1 Z S2000 F500	
5	M13	
6	L Z−5 R0 FMAX M91	
7	L C+0 A+0 M91	
8	L Z+100 FMAX	
9	CALL LBL 3	调用子程序3，加工平移的SL型腔
10	CYCL DEF 10.0 ROTATION	定义旋转循环
11	CYCL DEF 10.1 ROT+120	逆时针旋转120°
12	CALL LBL 3	调用子程序3，加工旋转的SL型腔
13	CYCL DEF 10.0 ROTATION	定义旋转循环
14	CYCL DEF 10.1　ROT−135	顺时针旋转135°
15	CALL LBL 3	调用子程序3，加工旋转的SL型腔
16	CYCL DEF 10.0 ROTATION	取消旋转循环
17	CYCL DEF 10.1 ROT+0	旋转角度0
18	STOP M30	
19	LBL 3	定义子程序3，平移加工型腔的SL循环
20	CYCL DEF 7.0 DATUM SHIFT	原点平移
21	CYCL DEF 7.1 X+0	
22	CYCL DEF 7.2 Y−40	

4−139

23 CALL LBL 2		调用子程序2，调用加工型腔的SL循环
24 CYCL DEF 7.0 DATUM SHIFT		取消平移循环
25 CYCL DEF 7.1 X+0		
26 CYCL DEF 7.2 Y+0		
27 LBL 0		子程序结束
28 LBL 2		定义子程序2，加工型腔的SL循环
29 CYCL DEF 14.0 CONTOUR GEOMETRY		定义SL循环，调用子程序1
30 CYCL DEF 14.1 CONTOUR LABEL1		
31 CYCL DEF 20 CONTOUR DATA		定义SL循环轮廓加工的基本参数

```
    Q1 =-5      ; MILLING DEPTH
    Q2 =+1      ; TOOL PATH OVERLAP
    Q3 =+2      ; ALLOWANCE FOR SIDE
    Q4 =+1      ; ALLOWANCE FOR FLOOR
    Q5 =+0      ; SURFACE COORDINATE
    Q6 =+5      ; SET-UP CLEARANCE
    Q7 =+50     ; CLEARANCE HEIGHT
    Q8 =+2      ; ROUNDING RADIUS
    Q9 =+1      ; ROTATIONAL DIRECTION
```

32 CYCL DEF 22 ROUGH-OUT　　　　定义SL循环粗加工循环参数

```
    Q10 =-2     ; PLUNGING DEPTH
    Q11 =+150   ; FEED RATE FOR PLNGNG
    Q12 =+200   ; FEED RATE F. ROUGHNG
    Q18 =+0     ; COARSE ROUGHING TOOL
    Q19 =+100   ; FEED RATE FOR RECIP.
    Q208 =+500  ; RETRACTION FEED RATE
    Q401 =+80   ; FEED RATE FACTOR
    Q404 =+0    ; FINE ROUGH STRATEGY
```

33 CYCL CALL　　　　　　　　调用SL循环
34 L Z+100 FMAX
35 LBL 0　　　　　　　　　　子程序结束
36 LBL 1　　　　　　　　　　定义子程序1，型腔轮廓编程
37 L X+0 Y+10 RL
38 L X-10 Y+10
39 RND R6
40 L X-10 Y+0
41 CR X+10 Y+0 R+10 DR+
42 L X+10 Y+10

4-140

43　RND R6

44　L X+0 Y+10

45　LBL 0　　　　　　　　　　　　　　　　子程序结束

46　END PGM 4612 MM

（3）应用坐标变换循环指令中的平移和镜像指令，将图4-59中的型腔平移到（-15，-35）位置并进行镜像，最后编写图4-61所示的2个型腔的加工程序。

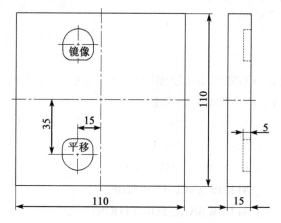

图4-61　型腔平移、镜像加工图

参考程序如下：

0　　BEGIN PGM 4613 MM

1　　BLK FORM 0.1 Z X-55 Y-55 Z-15

2　　BLK FORM 0.2 X+50 Y+50 Z+0

3　　CYCL DEF 247 DATUM SETTING

　　　Q339＝+1　　　; DATUM NUMBER

4　　TOOL CALL 1 Z S2000 F500

5　　M13

6　　L Z-5 R0 FMAX M91

7　　L C+0 A+0 M91

8　　L Z+100 FMAX

9　　CALL LBL 3　　　　　　　　　　　调用子程序3，加工平移的左下型腔

10　CYCL DEF 8.0 MIRROR IMAGE　　　定义镜像循环

11　CYCL DEF 8.1 Y　　　　　　　　　关于 X 轴镜像

12　CALL LBL 3　　　　　　　　　　　调用子程序3，加工镜像的左上型腔

13　CYCL DEF 8.0 MIRROR IMAGE　　　取消镜像

14　CYCL DEF 8.1　　　　　　　　　　不输入 X，Y

15　STOP M30　　　　　　　　　　　　程序结束

16　LBL 3　　　　　　　　　　　　　定义子程序3，左下型腔

17　CYCL DEF 7.0 DATUM SHIFT　　　　原点平移

```
18  CYCL DEF 7.1 X-15
19  CYCL DEF 7.2 Y-35
20  CALL LBL 2                              调用子程序2，调用加工型腔的SL
                                            循环

21  CYCL DEF 7.0 DATUM SHIFT                取消原点平移
22  CYCL DEF 7.1 X+0
23  CYCL DEF 7.2 Y+0
24  LBL 0                                   子程序结束
25  LBL 2                                   定义子程序2，加工型腔的SL循环
26  CYCL DEF 14.0 CONTOUR GEOMETRY          定义SL循环，调用子程序1
27  CYCL DEF 14.1 CONTOUR LABEL1
28  CYCL DEF 20 CONTOUR DATA                定义SL循环轮廓加工的基本参数
        Q1=-5        ; MILLING DEPTH
        Q2=+1        ; TOOL PATH OVERLAP
        Q3=+2        ; ALLOWANCE FOR SIDE
        Q4=+1        ; ALLOWANCE FOR FLOOR
        Q5=+0        ; SURFACE COORDINATE
        Q6=+5        ; SET-UP CLEARANCE
        Q7=+50       ; CLEARANCE HEIGHT
        Q8=+2        ; ROUNDING RADIUS
        Q9=+1        ; ROTATIONAL DIRECTION
29  CYCL DEF 22 ROUGH-OUT                   定义SL循环粗加工循环参数
        Q10=-2       ; PLUNGING DEPTH
        Q11=+150     ; FEED RATE FOR PLNGNG
        Q12=+200     ; FEED RATE F. ROUGHNG
        Q18=+0       ; COARSE ROUGHING TOOL
        Q19=+100     ; FEED RATE FOR RECIP.
        Q208=+500    ; RETRACTION FEED RATE
        Q401=+80     ; FEED RATE FACTOR
        Q404=+0      ; FINE ROUGH STRATEGY
30  CYCL CALL                               调用SL循环
31  L Z+100 FMAX
32  LBL 0                                   子程序结束
33  LBL 1                                   定义子程序1，型腔轮廓编程
34  L X+0 Y+10 RL
35  L X-10 Y+10
36  RND R6
```

37　L X−10 Y+0

38　CR X+10 Y+0 R+10 DR+

39　L X+10 Y+10

40　RND R6

41　L X+0 Y+10

42　LBL 0　　　　　　　　　　　　子程序结束

43　END PGM 4613 MM

（4）应用坐标变换循环指令中的平移和缩放指令，将图4-59中的型腔平移到（−27.5，−27.5）和（27，27）位置并进行缩放，最后编写图4-62所示的2个型腔的加工程序。

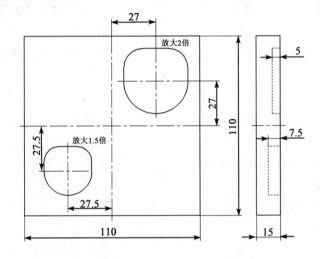

图4-62　型腔平移、缩放加工图

参考程序如下：

0　BEGIN PGM 4614 MM

1　BLK FORM 0.1 Z X−55 Y−55 Z−15

2　BLK FORM 0.2 X+50 Y+50 Z+0

3　CYCL DEF 247 DATUM SETTING

　　Q339＝+1　　　　; DATUM NUMBER

4　TOOL CALL 1 Z S2000 F500

5　M13

6　L Z−5 R0 FMAX M91

7　L C+0 A+0 M91

8　L Z+100 FMAX

9　CYCL DEF 7.0 DATUM SHIFT　　　　原点平移

10　CYCL DEF 7.1 X−27.5

11　CYCL DEF 7.2 Y−27.5

12　CYCL DEF 11.0 SCALING　　　　缩放循环

13 CYCL DEF 11.1 SCL 1.5   缩放系数1.5，X，Y，Z轴都放大1.5倍

14 CALL LBL 2   调用子程序2，加工左下角放大1.5倍
                                    的型腔

15 CYCL DEF 11.0 SCALING   取消缩放循环

16 CYCL DEF 11.1 SCL 1   缩放系数1

17 CYCL DEF 7.0 DATUM SHIFT   原点平移

18 CYCL DEF 7.1 X+27

19 CYCL DEF 7.2 Y+27

20 CYCL DEF 26.0 AXIS-SPEC. SCALING 特定轴缩放循环

21 CYCL DEF 26.1 X2 Y2 Z1   X，Y轴缩放系数是2，Z轴缩放系
                                    数是1

22 CALL LBL 2   调用子程序2，加工右上角
                                    轮廓X，Y轴放大2倍，Z轴不缩放的
                                    型腔

23 CYCL DEF 11.0 SCALING   取消缩放循环

24 CYCL DEF 11.1 SCL 1   缩放系数1

25 CYCL DEF 7.0 DATUM SHIFT   取消原点平移

26 CYCL DEF 7.1 X+0

27 CYCL DEF 7.2 Y+0

28 STOP M30   程序结束

29 LBL 2   定义子程序2，加工型腔的SL循环

30 CYCL DEF 14.0 CONTOUR GEOMETRY   定义SL循环，调用子程序1

31 CYCL DEF 14.1 CONTOUR LABEL1

32 CYCL DEF 20 CONTOUR DATA   定义SL循环轮廓加工的基本参数

   Q1 = −5   ; MILLING DEPTH

   Q2 = +1   ; TOOL PATH OVERLAP

   Q3 = +2   ; ALLOWANCE FOR SIDE

   Q4 = +1   ; ALLOWANCE FOR FLOOR

   Q5 = +0   ; SURFACE COORDINATE

   Q6 = +5   ; SET-UP CLEARANCE

   Q7 = +50   ; CLEARANCE HEIGHT

   Q8 = +2   ; ROUNDING RADIUS

   Q9 = +1   ; ROTATIONAL DIRECTION

33 CYCL DEF 22 ROUGH-OUT   定义SL循环粗加工循环参数

   Q10 = −2   ; PLUNGING DEPTH

   Q11 = +150   ; FEED RATE FOR PLNGNG

   Q12 = +200   ; FEED RATE F. ROUGHNG

```
   Q18 = +0        ; COARSE ROUGHING TOOL
   Q19 = +100      ; FEED RATE FOR RECIP.
   Q208 = +500     ; RETRACTION FEED RATE
   Q401 = +80      ; FEED RATE FACTOR
   Q404 = +0       ; FINE ROUGH STRATEGY
34 CYCL CALL                           调用 SL 循环
35 L Z+100 FMAX
36 LBL 0                               子程序结束
37 LBL 1                               定义子程序 1，型腔轮廓编程
38 L X+0 Y+10 RL
39 L X−10 Y+10
40 RND R6
41 L X−10 Y+0
42 CR X+10 Y+0 R+10 DR+
43 L X+10 Y+10
44 RND R6
45 L X+0 Y+10
46 LBL 0                               子程序结束
47 END PGM 4614 MM
```

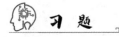 习 题

应用所学知识编写下列习题中的铣削程序，零件的毛坯尺寸根据图纸合理设定，工件坐标系原点根据图纸合理选定。

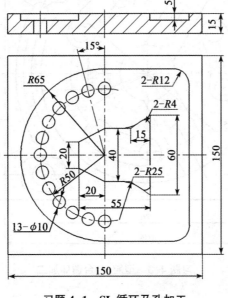

习题 4-1　SL 循环及孔加工

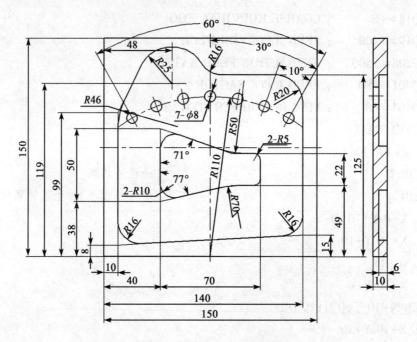

习题 4-2 极坐标及 SL 循环加工

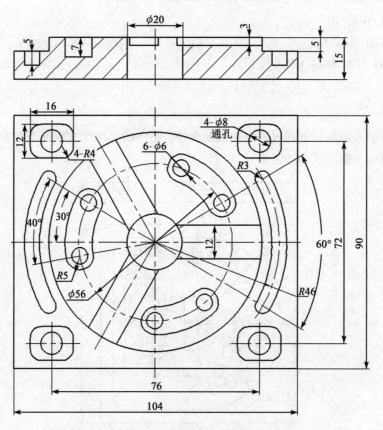

习题 4-3 型腔/凸台循环加工

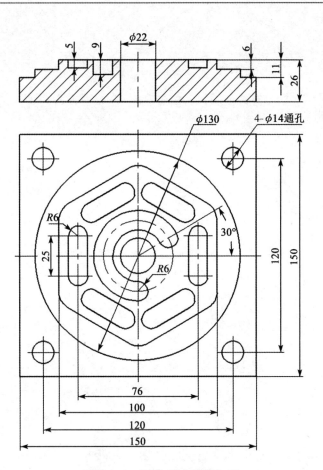

习题 4-4　凹槽/凸台循环加工

项目五

五轴定向加工编程

    五轴定向加工或"3+2"定向加工，又称倾斜面加工，是指机床的 3 个线性轴联动，2 个旋转轴摆到一定角度后再进行加工的方式。海德汉系统的倾斜加工平面功能相当于坐标变换，刀具轴方向总是垂直于零件加工面。通过本项目的学习，学生可以掌握海德汉系统五轴定向加工的基本编程方法和相关参数的设定。

任务一　五轴定向加工编程基础

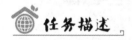 任务描述

    海德汉系统五轴定向加工常用 PLANE 功能进行倾斜面的加工编程。PLANE 功能是一个强大的定义倾斜加工面的功能，它支持多种定义方式。TNC 系统的所有 PLANE 功能都可用于描述所需加工面，与机床实际所带的旋转轴无关。用 PLANE 功能(空间角)的优点是，编程角度为空间角，而且有相对不变的机床坐标系，因此，不需要直接编程旋转轴的摆动角度，而是 TNC 系统根据所定义的空间角来计算旋转轴的摆动角度。通过本任务的学习，学生可以掌握 TNC 系统 PLANE 功能调用过程及相关参数的含义与用法。

任务目标

    (1)掌握海德汉系统倾斜面加工编程的具体步骤及相关参数的含义。
    (2)应用 PLANE SPATIAL 功能编写指定零件的加工程序。

相关知识点

一、PLANE 功能定义

    用 PLANE 功能进行程序编制时，一般要先定义循环，确定循环功能的参数。在编程

模式下按下编程对话窗口区（图3-1）中的"SPEC FCT"键，单击"倾斜加工平面"软键，启动PLANE功能，弹出如图5-1所示的界面。PLANE功能常用图标及功能见表5-1。

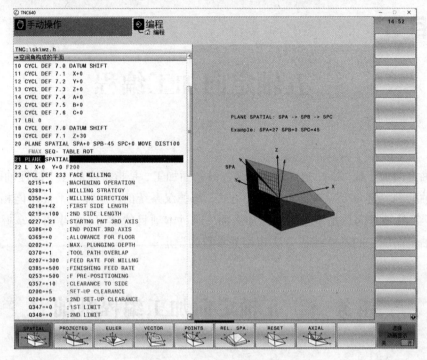

图5-1   PLANE功能界面

表5-1   PLANE功能一览表

软键图例	定义倾斜加工面的方式	功能
SPATIAL	空间角	输入围绕 X, Y, Z 轴旋转的空间角 SPA, SPB, SPC 参数，定义加工的倾斜面的三维空间倾斜角度
PROJECTED	投影角	用两个角定义一个加工面，这两个角通过投影到被定义加工面的第一坐标面（Z 轴为刀具轴的 Z/X 面）和第二坐标面（Z 轴为刀具轴的 Y/Z 面）决定
EULER	欧拉角	通过最多3个围绕相应倾斜坐标系旋转的欧拉角定义一个加工面。进动角（EULPR）坐标系围绕 Z 轴旋转，盘旋角（EULNU）坐标系围绕由进动角改变后的 X 轴旋转，旋转角（EULROT）倾斜加工面围绕倾斜的 Z 轴旋转

表 5-1(续)

软键图例	定义倾斜加工面的方式	功能
VECTOR	两个矢量	倾斜加工面用基准矢量和法向矢量定义加工面。基准矢量决定倾斜加工面的基本轴方向,法向矢量决定加工面方向,并且两个矢量相互垂直
POINTS	三点	用三点功能可以实现输入加工面上任意 3 点($P1 \sim P3$)唯一地确定倾斜加工面
REL. SPA.	单一增量空间角	用增量式空间角可以实现当前倾斜的加工面的再一次旋转
RESET	复位	使当前循环 PLANE 功能或当前 19 功能完全复位(角度为 0 和功能不可用)
AXIAL	轴角	用于定义加工面位置和旋转轴名义坐标。如果机床只有一个旋转轴,并安装在直角位置,那么最好使用该功能

PLANE 完整功能只能用于有两个及以上旋转轴(主轴头及/或工作台)的机床。如果机床只有一个旋转轴或只有一个旋转轴有效时,也可以用 PLANE 轴角功能。

二、五轴定向加工编程步骤

运行 PLANE 功能后,工件坐标系随之倾斜,使刀轴垂直于工作平面。TNC 系统总是基于当前原点倾斜加工,为了方便定义工作平面,PLANE 功能通常与原点平移循环 7 结合使用。当把 PLANE 功能与原点平移循环 7 结合之后,总能确保工作平面绕有效原点旋转。编程时,可以在激活 PLANE 功能之前,先编制一个原点平移循环。加工结束后,先复位倾斜,再取消原点平移循环。

五轴定向加工编程过程如图 5-2 所示,具体步骤如下。

（a）

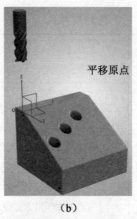
（b）

（c）

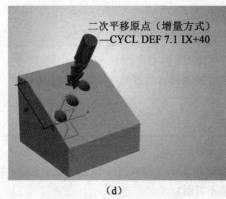
（d）

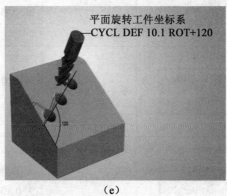
（e）

图 5-2　五轴定向加工编程过程

（1）手动原点设置/预设点激活，见图 5-2（a）。

CYCL DEF 247 DATUM SETTING

Q339＝+1　　　　　; DATUM NUMBER

（2）绝对原点平移，见图 5-2（b）。

CYCL DEF 7.0 DATUM SHIFT

CYCL DEF 7.1 X ＿＿

CYCL DEF 7.2 Y ＿＿

CYCL DEF 7.3 Z ＿＿

（3）倾斜加工面，见图 5-2（c）。

PLANE SPATIAL SPA ＿＿ SPB ＿＿ SPC ＿＿…

（4）加工（在倾斜面加工）。

CYCL DEF…

L X+0 Y+0 Z ＿＿ FMAX M99

L Z+100 R0 FMAX

（5）复位倾斜。

PLANE RESET…FMAX

（6）取消原点平移。

CYCL DEF 7.0 DATUM SHIFT

CYCL DEF 7.1 X+0

CYCL DEF 7.2 Y+0

CYCL DEF 7.3 Z+0

实际编程过程中，由于工件坐标系位置设定的不同、工件结构及尺寸标注的差别，使得具体的五轴定向加工编程过程中还有以下四种情况。

（1）原点在旋转中心，见图 5-3。

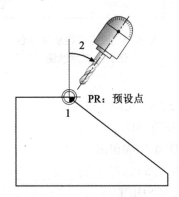

图 5-3 原点在旋转中心
倾斜加工示意图

①手动原点设置/预设点激活。

CYCL DEF 247 DATUM SETTING

Q339=+1 ; DATUM NUMBER

②倾斜加工面。

PLANE SPATIAL SPA __ SPB __ SPC __…

③加工（在倾斜面加工）。

CYCL DEF…

L X+0 Y+0 Z __ FMAX M99

L Z+100 R0 FMAX

④复位倾斜。

PLANE RESET…FMAX

⑤取消原点平移。

CYCL DEF 7.0 DATUM SHIFT

CYCL DEF 7.1 X+0

CYCL DEF 7.2 Y+0

CYCL DEF 7.3 Z+0

（2）原点不在旋转中心，见图 5-4。

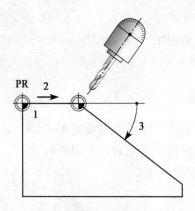

图 5-4 原点不在旋转中心
倾斜加工示意图

①手动原点设置/预设点激活，见图 5-2(a)。

CYCL DEF 247 DATUM SETTING

Q339＝+1   ; DATUM NUMBER

②绝对原点平移，见图 5-2(b)。

CYCL DEF 7.0 DATUM SHIFT

CYCL DEF 7.1 X __

CYCL DEF 7.2 Y __

CYCL DEF 7.3 Z __

③倾斜加工面，见图 5-2(c)。

PLANE SPATIAL SPA __ SPB __ SPC __...

④加工(在倾斜面加工)。

CYCL DEF...

L X+0 Y+0 Z __ FMAX M99

L Z+100 R0 FMAX

⑤复位倾斜。

PLANE RESET...FMAX

⑥取消原点平移。

CYCL DEF 7.0 DATUM SHIFT

CYCL DEF 7.1 X+0

CYCL DEF 7.2 Y+0

CYCL DEF 7.3 Z+0

(3)在已旋转一次的坐标系中输入原点，见图 5-5。

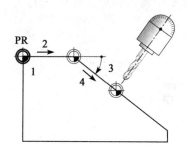

图 5-5　在已旋转一次的坐标系中
输入原点倾斜加工示意图

①手动原点设置/预设点激活，见图 5-2(a)。

CYCL DEF 247 DATUM SETTING

Q339＝+1　　　　　; DATUM NUMBER

②第一次绝对尺寸原点平移，见图 5-2(b)。

CYCL DEF 7.0 DATUM SHIFT

CYCL DEF 7.1 X ＿＿

CYCL DEF 7.2 Y ＿＿

CYCL DEF 7.3 Z ＿＿

③倾斜加工面，见图 5-2(c)。

PLANE SPATIAL SPA ＿＿ SPB ＿＿ SPC ＿＿...

④第二次增量尺寸原点平移，见图 5-2(d)。

CYCL DEF 7.0 DATUM SHIFT

CYCL DEF 7.1 IX ＿＿

CYCL DEF 7.2 IY ＿＿

CYCL DEF 7.3 IZ ＿＿

⑤加工(在倾斜面加工)。

CYCL DEF...

L X+0 Y+0 Z ＿＿ FMAX M99

L Z+100 R0 FMAX

⑥复位倾斜。

PLANE RESET...FMAX

⑦取消原点平移。

CYCL DEF 7.0 DATUM SHIFT

CYCL DEF 7.1 X+0

CYCL DEF 7.2 Y+0

CYCL DEF 7.3 Z+0

（4）在已旋转两次的坐标系中输入原点，见图5-6。

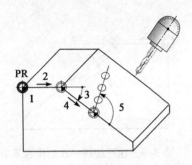

图5-6 在已旋转两次的坐标系中
输入原点倾斜加工示意图

①手动原点设置/预设点激活，见图5-2(a)。

CYCL DEF 247 DATUM SETTING

Q339=+1   ; DATUM NUMBER

②第一次绝对尺寸原点平移，见图5-2(b)。

CYCL DEF 7.0 DATUM SHIFT

CYCL DEF 7.1 X __

CYCL DEF 7.2 Y __

CYCL DEF 7.3 Z __

③倾斜加工面，见图5-2(c)。

PLANE SPATIAL SPA __ SPB __ SPC __...

④第二次增量尺寸原点平移，见图5-2(d)。

CYCL DEF 7.0 DATUM SHIFT

CYCL DEF 7.1 IX __

CYCL DEF 7.2 IY __

CYCL DEF 7.3 IZ __

⑤旋转工件坐标系(在倾斜面内进行旋转)，见图5-2(e)。

CYCL DEF 10.0 ROTATION

CYCL DEF 10.1 ROT __

⑥加工(在倾斜面加工)。

CYCL DEF...

L X+0 Y+0 Z __ FMAX M99

L Z+100 R0 FMAX

⑦取消旋转。

CYCL DEF 10.0 ROTATION

CYCL DEF 10.1 ROT+0

⑧复位倾斜。

PLANE RESET...FMAX

⑨取消原点平移。

CYCL DEF 7.0 DATUM SHIFT

CYCL DEF 7.1 X+0

CYCL DEF 7.2 Y+0

CYCL DEF 7.3 Z+0

值得注意的是，在已旋转两次的坐标系中输入原点，步骤⑤是平面的二维旋转，不是三维的空间旋转。

三、PLANE 功能的定位特性

定义 PLANE 功能的参数分为平面的几何定义和定位特性两个部分。平面的几何定义，对不同的 PLANE 功能各不相同。PLANE 功能的定位特性与平面的几何定义相互独立，但对所有 PLANE 功能都相同。无论用哪一种 PLANE 功能定义倾斜加工面，都可以使用自动定位、倾斜方法、变换类型。

（一）自动定位

输入全部 PLANE 定义参数后，还必须指定如何将旋转轴定位到计算的轴位置值处。定位旋转轴的方式参数有 MOVE，TURN，STAY，见图 5-7。这三种参数在编程时是必须输入的。定位参数功能及注意事项见表 5-2。

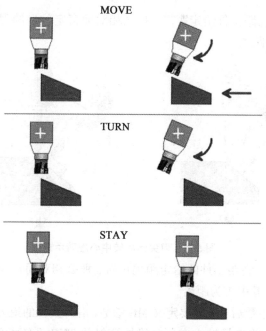

图 5-7　旋转轴定位方式示意图

表 5-2　定位参数功能及注意事项

参数	功能	注意事项
MOVE	PLANE 功能自动将旋转轴定位到所计算的位置值处。刀具相对工件的位置保持不变。TNC 系统将执行直线轴的补偿运动	如果选择 MOVE(移动)选项(PLANE 功能用补偿运动自动倾斜轴),仍必须定义旋转中心和刀尖的距离、进给速率(F)两个参数
TURN	PLANE 功能自动将旋转轴定位到所计算的位置值处,但只定位旋转轴。TNC 系统将不执行直线轴的补偿运动	如果选择 TURN(转动)选项(PLANE 功能不进行任何补偿运动自动倾斜轴),还必须定义进给速率(F)
STAY	需要在后面另一个定位程序段中定位旋转轴	如果 PLANE 功能与 STAY(不动)一起使用,必须在 PLANE 功能后的单独程序段中定位旋转轴

自动定位参数选择完成后,还需要设置以下参数。

(1)选择 MOVE 参数后还需要定义进给速率(F),F 可以用数字值直接定义,也可以用 FMAX(快移速度)或 FAUTO[TOOL CALLT(刀具调用)程序段中的进给速率]定义。编程时,选择" F MAX　F AUTO　F "中相应的软键,进行进给速率选择及设定。

(2)选择 MOVE 参数后还需要定义 DIST[刀尖到旋转中心(增量值)距离]参数。TNC 系统相对刀尖倾斜刀具(或工作台),距离参数以当前刀尖位置为中心进行定位运动的旋转。

如果定位前刀具已距工件给定距离,那么相对而言定位后的刀具仍在相同位置,见图 5-8(a),其中 1 为距离。

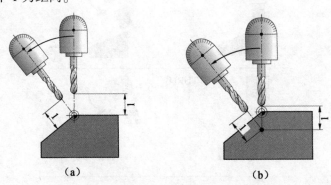

(a)　　　　　　　　(b)

图 5-8　刀尖到旋转中心旋转示意图

如果倾斜前刀具未在距工件的给定距离位置,那么相对而言倾斜后的刀具将偏移原位置图,见 5-8(b),其中 1 为距离。

(3)选择 TURN 参数后,还需要定义 MB 参数(沿刀具轴的退刀长度)。退刀路径 MB 从当前刀具位置沿当前刀具轴方向,也就是倾斜前 TNC 系统的接近方向,逐渐有效。"MB MAX"使刀具刚好在软限位开关前位置,见图 5-9。

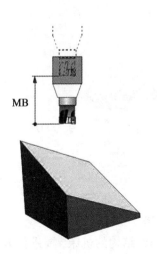

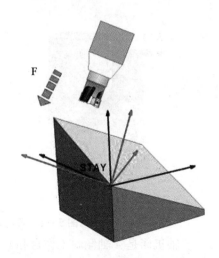

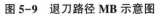

图 5-9　退刀路径 MB 示意图　　　　图 5-10　定位刀具的轮廓加工速度示意图

（4）选择 TURN 参数后，还需要定义进给速率（F）。F 定义的是定位刀具的轮廓加工速度，见图 5-10。

（5）选择 STAY 参数后，还需要在另一个程序段中定位旋转轴。

选择任意一个 PLANE 功能，并用 STAY（不动）功能定义自动定位。执行程序时，TNC 系统计算机床上的旋转轴位置值，并将其保存在系统参数 Q120（A 轴）、Q121（B 轴）和 Q122（C 轴）中。

用 TNC 系统计算的角度值定义定位程序段。例如，将 C 轴回转工作台和 A 轴倾斜工作台的机床定位在"B+45°"空间角位置。

NC 程序段举例如下：

………

12 L Z+250 R0 FMAX	定位在第二安全高度处
13 PLANE SPATIAL SPA+0 SPB+45 SPC+0 STAY	定义并启动 PLANE 功能
14 L A+Q120 C+Q122 F2000	用 TNC 系统计算的值定位旋转轴

…………　　　　　　　　　　　　　　定义倾斜加工面的加工

（二）倾斜方法

TNC 系统用定义加工面的位置数据计算机床上实际存在的旋转轴的正确定位位置。如图 5-11（a）所示，"SEQ+"定位基本轴，假定是正角；"SEQ−"定位基本轴，假定是负角。基本轴是第一个离开刀具的旋转轴或最后一个离开工作台的旋转轴（取决于机床配置）。

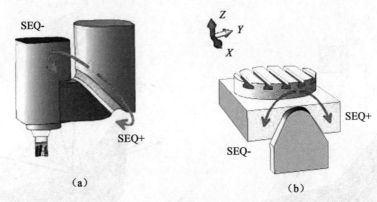

图 5-11　倾斜方法选择示意图

例如，五轴机床是 A 轴倾斜工作台和 C 轴回转工作台结构的机床，要进行 B 轴方向的编程，这时 TNC 系统会控制机床进行 A，C 轴的旋转，转换成 B 轴编程的加工面位置。转换后存在两种结果：一种是工作台向内侧翻转 SEQ+，另一种是工作台向外侧翻转 SEQ-，见图 5-11(b)。工作台向内侧翻转时，工件被工作台遮挡，五轴机床操作人员观察不到工件的实时加工情况。编程时，用 SEQ 参数来定义旋转轴的合理定位位置。

如果用 SEQ 选择的计算结果不在机床行程范围内，TNC 系统将显示"Entered angle not permitted"（输入的角不在允许范围内）出错信息。

使用 PLANE 轴角功能时，SEQ 开关不起作用。

如果在编程中未定义 SEQ 参数，TNC 系统首先检查可能的解是否在旋转轴的行程范围内。如果在旋转轴的行程范围内，TNC 系统将选择最短的解；如果只有一个解在行程范围内，TNC 系统将选择该解；如果行程范围内无解，TNC 系统将显示"Entered angle not permitted"出错信息。

应用 A 轴倾斜工作台和 C 轴回转工作台的五轴机床编写程序"PLANE SPATIAL SPA+0 SPB+45 SPC+0"时，SEQ（倾斜方法）参数定义情况及 A，C 轴转换情况见表 5-3。

表 5-3　SEQ 参数定义及 A，C 轴转换情况

行程开关	工作台起始位置	SEQ	工作台旋转得出的轴位置
无	A+0, C+0	不编程	A+45, C+90
无	A+0, C+0	+	A+45, C+90
无	A+0, C+0	−	A−45, C−90
无	A+0, C−105	不编程	A−45, C−90
无	A+0, C−105	+	A+45, C+90
无	A+0, C−105	−	A−45, C−90
−90<A<+10	A+0, C+0	不编程	A−45, C−90
−90<A<+10	A+0, C+0	+	出错信息
无	A+0, C−135	+	A+45, C+90

注：如果需要确定机床轴旋转方向，适用以下条件：①机床铣头旋转轴，用右手规则；②机床工作台旋转轴，用左手规则。

（三）变换类型

对于仅围绕刀具轴旋转坐标系的倾斜角，可以用"COORD ROT"（坐标系旋转）和"TABLE ROT"（工作台旋转）定义坐标变换类型。

"COORD ROT"（坐标系旋转）用于指定 PLANE 功能只将坐标系旋转到已定义的倾斜角位置，用计算值进行补偿且不移动旋转轴，见图 5-12（a）。

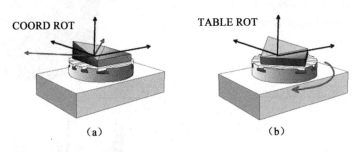

图 5-12　变换类型示意图

"TABLE ROT"（工作台转动）用于指定 PLANE 功能应将旋转轴定位到定义的倾斜角位置，通过旋转工件进行补偿，见图 5-12（b）。

编程时，选择"　"中相应的软键，进行变换类型的选择。

"COORD ROT"（坐标系旋转）仅适用于围绕刀具轴倾斜，如刀具轴为 Z 轴的"SPC+45"。只要需要使用第二个摆动轴，"TABLE ROT"（工作台旋转）自动有效。

如果"TABLE ROT"（工作台旋转）功能与基本旋转和倾斜角为零一起使用，TNC 系统将把工作台倾斜至基本旋转定义的角度位置。

用 PLANE 轴角功能时，"COORD ROT"（坐标系旋转）和"TABLE ROT"（工作台旋转）不起作用。

四、空间角（PLANE SPATIAL）定义加工面

用空间角（PLANE SPATIAL）定义加工面时，空间角用不超过三个坐标系的旋转定义一个加工面。为此，有以下两种相同的旋转运动结果。

（1）关于机床坐标系的旋转：旋转顺序为先围绕机床轴 C，再围绕机床轴 B，然后围绕机床轴 A。

（2）关于相对倾斜坐标系的旋转：旋转顺序为先围绕机床轴 C，再围绕旋转的 B 轴，再围绕旋转的 A 轴。这种旋转运动通常比较易于理解，因为有一个旋转轴不动，因此坐标系的旋转容易理解。

空间角（PLANE SPATIAL）功能的各个参数的含义及示意图见表 5-4。

表 5-4　空间角（PLANE SPATIAL）参数的含义及示意图

参数	含义	参数示意图
SPA	围绕 X 轴旋转角度。输入范围为 $-359.9999° \sim 359.9999°$	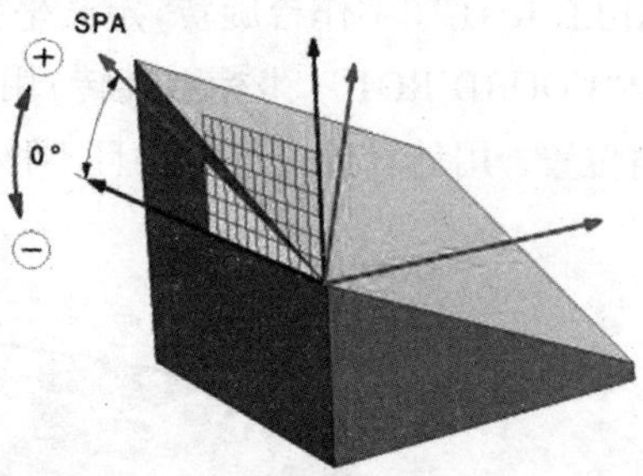
SPB	围绕 Y 轴旋转角度。输入范围为 $-359.9999° \sim 359.9999°$	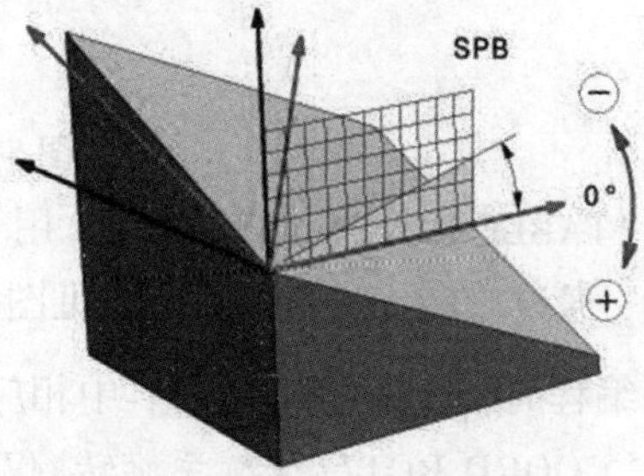
SPC	围绕 Z 轴旋转角度。输入范围为 $-359.9999° \sim 359.9999°$	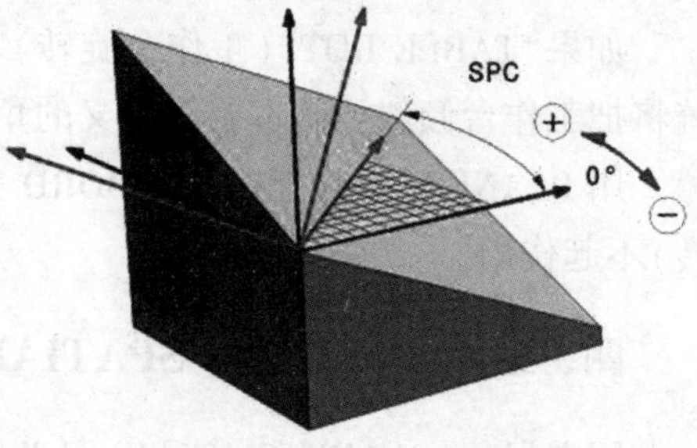

注意：编程时，必须定义三个空间角（SPA，SPB，SPC）。

五、复位功能（PLANE RESET）

复位功能用于系统内部复位 PLANE 功能（角度为 0 和功能不可用），仅需定义一次。复位后，必须选择 MOVE（运动）、STAY（不动）、TURN（转动）其中之一，用于定义倾斜轴是否也需要复位至其默认位置。选择了 MOVE，TURN 功能，复位后轴会动。选择了 STAY 功能，复位后轴不会旋转，但坐标系恢复。复位功能如图 5-13 所示。

PLANE RESET

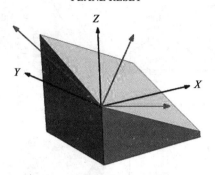

图 5-13　复位功能示意图

复位程序示例如下：

…………

6　LBL 1

7　L Z−5 R0 FMAX M91

8　L C+0 A+0 M91　　　　　　　复位 A，C 轴

9　PLANE RESET TURN MB100　　复位，自动转动旋转轴至初始位置

10　CYCL DEF 7.0 DATUM SHIFT　取消平移

11　CYCL DEF 7.1 X+0

12　CYCL DEF 7.2 Y+0

13　CYCL DEF 7.3 Z+0

14　CYCL DEF 7.4 A+0

15　CYCL DEF 7.5 B+0

16　CYCL DEF 7.6 C+0

17　LBL 0

…………

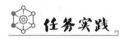任务实践

　　应用 PLANE SPATIAL(空间角)功能，编写如图 5-14 所示的倾斜面的加工程序，并在加工后斜面上钻 3 个 $\phi 10$ 的孔。

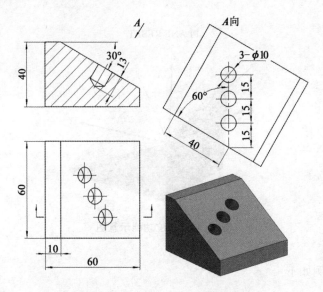

图 5-14 PLANE 编程任务零件图

参考程序如下：

0	BEGIN PGM 5114 MM	
1	BLK FORM 0.1 Z X+0 Y+0 Z−40	
2	BLK FORM 0.2 X+60 Y+60 Z+0	
3	CYCL DEF 247 DATUM SETTING	
	Q339＝+1 ; DATUM NUMBER	
4	TOOL CALL 1 Z S1500 F300	
5	M13	
6	LBL 1	把复位相关设置的程序设定为子程序，简化编程
7	PLANE RESET TURN MB MAX F AUTO	复位，自动转动旋转轴至初始位置
8	CYCL DEF 7.0 DATUM SHIFT	取消平移
9	CYCL DEF 7.1 X+0	
10	CYCL DEF 7.2 Y+0	
11	CYCL DEF 7.3 Z+0	
12	L Z−5 R0 FMAX M91	Z 轴移动到安全位置
13	L C+0 A+0 M91	复位 A，C 轴
14	LBL 0	子程序结束
15	CYCL DEF 7.0 DATUM SHIFT	坐标平移，参见图 5-6 的步骤②
16	CYCL DEF 7.1 X+10	X 轴坐标平移，距离 10
17	PLANE SPATIAL SPA+0 SPB+30 SPC+0	
	TURN MB100 F AUTO SEQ− TABLE ROT	空间角定义加工面，参见图 5-6 的步骤③。B 轴旋转 30°，转动定位旋

转轴,倾斜方法参数 SEQ 为负,变
换类型是工作台旋转

18　L X+0 Y+0 F200　　　　　　　定位铣平面循环 233 的基准点

19　CYCL DEF 233 FACE MILLING　　定义铣平面循环

　　Q215 = +0　　　; MACHINING OPERATION

　　Q389 = +1　　　; MILLING STRATEGY

　　Q350 = +2　　　; MILLING DIRECTION

　　Q218 = +60　　　; FIRST SIDE LENGTH　　平面长度尺寸

　　Q219 = +60　　　; 2ND SIDE LENGTH　　平面宽度尺寸

　　Q227 = +25　　　; STARTNG PNT 3RD AXIS　铣削掉的厚度尺寸

　　Q386 = +0　　　; END POINT 3RD AXIS

　　Q369 = +0　　　; ALLOWANCE FOR FLOOR

　　Q202 = +5　　　; MAX. PLUNGING DEPTH

　　Q370 = +1　　　; TOOL PATH OVERLAP

　　Q207 = +300　　; FEED RATE FOR MILLNG

　　Q385 = +500　　; FINISHING FEED RATE

　　Q253 = +500　　; F PRE-POSITIONING

　　Q357 = +10　　　; CLEARANCE TO SIDE

　　Q200 = +5　　　; SET-UP CLEARANCE

　　Q204 = +50　　　; 2ND SET-UP CLEARANCE

　　Q347 = +0　　　; 1ST LIMIT

　　Q348 = +0　　　; 2ND LIMIT

　　Q349 = +0　　　; 3RD LIMIT

　　Q220 = +0　　　; CORNER RADIUS

　　Q368 = +0　　　; ALLOWANCE FOR SIDE

　　Q338 = +0　　　; INFEED FOR FINISHING

20　CYCL CALL　　　　　　　　　　调用铣平面循环

21　CALL LBL 1　　　　　　　　　　倾斜加工完成后调用复位子程序

22　TOOL CALL 2 Z S2000 F150

23　M13

24　CYCL DEF 7.0 DATUM SHIFT　　坐标平移,参见图 5-6 的步骤②

25　CYCL DEF 7.1 X+10　　　　　　X 轴坐标绝对值平移,距离 10

26　PLANE SPATIAL SPA+0 SPB+30 SPC+0
　　TURN MB MAX F AUTO SEQ- TABLE ROT

27　CYCL DEF 7.0 DATUM SHIFT　　坐标平移,参见图 5-6 的步骤④

28　CYCL DEF 7.1 IX+40　　　　　　在倾斜面上,X 轴坐标增量值平移,
　　　　　　　　　　　　　　　　　距离 40

```
29 CYCL DEF 10.0 ROTATION              旋转坐标系，参见图 5-6 的步骤⑤
30 CYCL DEF 10.1 ROT+30               在倾斜面内，进行旋转，旋转30°
31 CYCL DEF 200 DRILLING             钻孔循环
    Q200=+5      ; SET-UP CLEARANCE
    Q201=-13     ; DEPTH                钻孔深度
    Q206=+150    ; FEED RATE FOR PLNGNG
    Q202=+5      ; PLUNGING DEPTH
    Q210=+0      ; DWELL TIME AT TOP
    Q203=+0      ; SURFACE COORDINATE
    Q204=+50     ; 2ND SET-UP CLEARANCE
    Q211=+0      ; DWELL TIME AT DEPTH
    Q395=+0      ; DEPTH REFERENCE
32 L X+0 Y+15 M89                      孔中心位置坐标，模态调用孔加工
                                       循环
33 L X+0 Y+30                          孔中心位置坐标
34 L X+0 Y+45 M99                      孔中心位置坐标，调用孔加工循环
35 CYCL DEF 10.0 ROTATION             取消旋转
36 CYCL DEF 10.1 ROT+0
37 CALL LBL 1                          倾斜加工完成后调用复位子程序
38 M30
39 END PGM 5114 MM
```

任务二　PLANE 功能编程

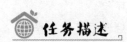 **任务描述**

海德汉系统五轴定向加工常用 PLANE 功能进行倾斜面的加工编程。PLANE 功能除了空间角方式外，还有投影角(PLANE PROJECTED)、欧拉角(PLANE EULER)、两个矢量(PLANE VECTOR)、三点(PLANE POINTS)、单一增量空间角(PLANE RELATIV)、轴角(PLANE AXIAL)。通过本任务的学习，学生可以掌握 TNC 系统倾斜面加工编程指令的格式及相关参数的含义、用法。

任务目标

（1）掌握 TNC 系统倾斜面的加工编程指令的格式及相关参数的含义、用法。

（2）应用 PLANE SPATIAL 功能编写指定零件的加工程序。

相关知识点

一、投影角(PLANE PROJECTED)定义加工面

（一）投影角定义加工面的参数及含义

投影角(PLANE PROJECTED)功能的各个参数的含义及示意图见表 5-5。

表 5-5　投影角(PLANE PROJECTED)参数的含义及示意图

参数	含义	参数示意图
PROPR	第一坐标面的投影角。 投影到机床固定坐标系的第一坐标面上的倾斜加工面的投影角(Z 轴为刀具轴的 Z/X 面）。输入范围为 $-89.9999°\sim89.9999°$。0°轴是当前加工面的基本轴(Z 轴为刀具轴的 X 轴，正方向）	
PROMIN	第二坐标面的投影角。 机床固定坐标系的第二坐标面上的投影角(Z 轴为刀具轴的 Y/Z 面）。输入范围为 $-89.9999°\sim89.9999°$。0°轴是当前加工面的辅助轴(Z 轴为刀具轴的 Y 轴）	
ROT	倾斜面的 ROT(旋转)角。 围绕倾斜的刀具轴旋转倾斜坐标系(相当于用循环 10 近似地旋转)。用旋转角，只需定义加工面的基本轴的方向(Z 轴为刀具轴的 X 轴，Y 轴为刀具轴的 Z 轴）。输入范围为 $-360°\sim360°$	

编程前应注意，TNC 系统将加工面投影在坐标面中，投影形成的主平面的基面必须相互垂直。

（二）投影角（PLANE PROJECTED）编程应用

如图 5-15 所示，在立方体的对角线钻孔，先在立方体一个角上铣出一个平面（尺寸自定），再钻 φ10 通孔。

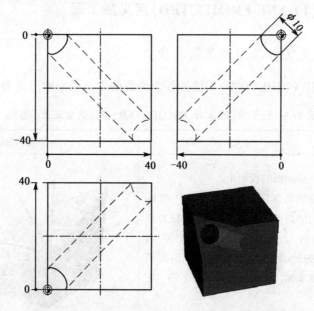

图 5-15 投影角（PLANE PROJECTED）零件加工图

参考程序如下：

0   BEGIN PGM 521 MM
1   BLK FORM 0.1 Z X+0 Y+0 Z-40
2   BLK FORM 0.2 X+40 Y+40 Z+0
3   CYCL DEF 247 DATUM SETTING
    Q339=+1   ; DATUM NUMBER
4   TOOL CALL 1 Z S2000 F500
5   M13
6   LBL 1   定义子程序
7   PLANE RESET MOVE DIST100 F AUTO   复位倾斜面
8   CYCL DEF 7.0 DATUM SHIFT   取消平移
9   CYCL DEF 7.1 X+0
10 CYCL DEF 7.2 Y+0
11 CYCL DEF 7.3 Z+0
12 CYCL DEF 7.4 A+0
13 CYCL DEF 7.5 B+0
14 CYCL DEF 7.6 C+0
15 L Z-5 R0 FMAX M91

16　L A+0 C+0 FMAX M91

17　LBL 0(子程序结束)

18　PLANE PROJECTED PROPR−45 PROMIN+45

ROT+0 MOVE DIST20 F200 SEQ− TABLE ROT
投影角定义加工面，第一坐标
面的投影角为−45°，第二坐标
面的投影角为 45°，旋 转 0°。
移动定位旋转轴，倾斜方法参
数 SEQ 为负，变换类型是工作
台旋转

19　L X+0 Y+0　　　　　　　　　　　　　　　　定义圆弧型腔基准点

20　CYCL DEF 252 CIRCULAR POCKET　　　　　定义圆弧型腔循环

　　Q215 = +0　　　; MACHINING OPERATION

　　Q223 = +30　　; CIRCLE DIAMETER

　　Q368 = +0　　　; ALLOWANCE FOR SIDE

　　Q207 = +500　; FEED RATE FOR MILLNG

　　Q351 = +1　　　; CLIMB OR UP-CUT

　　Q201 = −10　　; DEPTH

　　Q202 = +5　　　; PLUNGING DEPTH

　　Q369 = +0　　　; ALLOWANCE FOR FLOOR

　　Q206 = +150　; FEED RATE FOR PLNGNG

　　Q338 = +0　　　; INFEED FOR FINISHING

　　Q200 = +2　　　; SET-UP CLEARANCE

　　Q203 = +0　　　; SURFACE COORDINATE

　　Q204 = +50　　; 2ND SET-UP CLEARANCE

　　Q370 = +1　　　; TOOL PATH OVERLAP

　　Q366 = +1　　　; PLUNGE

　　Q385 = +500　; FINISHING FEED RATE

　　Q439 = +0　　　; FEED RATE REFERENCE

21　CYCL CALL　　　　　　　　　　　　　　　　调用圆弧型腔循环

22　TOOL CALL 2 Z S2000 F200

23　M13

24　PLANE PROJECTED PROPR−45 PROMIN+45

ROT+0 MOVE DIST20 F200 SEQ− TABLE ROT

25　CYCL DEF 200 DRILLING　　　　　　　　　　定义钻孔循环

　　Q200 = +2　　　; SET-UP CLEARANCE

　　Q201 = −70　　; DEPTH

　　Q206 = +150　; FEED RATE FOR PLNGNG

Q202 = +5   ; PLUNGING DEPTH

Q210 = +0   ; DWELL TIME AT TOP

Q203 = +0   ; SURFACE COORDINATE

Q204 = +50   ; 2ND SET-UP CLEARANCE

Q211 = +0   ; DWELL TIME AT DEPTH

Q395 = +0   ; DEPTH REFERENCE

26 L X+0 Y+0 M99   调用钻孔循环

27 CALL LBL 1   调用复位子程序

28 M30

29 END PGM 521 MM

二、欧拉角（PLANE EULER）定义加工面

（一）欧拉角定义加工面的参数及含义

欧拉角（PLANE EULER）功能的各个参数的含义及示意图见表5-6。

表5-6　欧拉角（PLANE EULER）参数的含义及示意图

参数	含义	参数示意图
EULPR （进动角）	主坐标面旋转角。 围绕 Z 轴的旋转角（EULPR）。输入范围为 -180.0000° ~ 180.0000°，0°轴为 X 轴	
EULNUT （盘旋角）	刀具轴倾斜角。 坐标系围绕由进动角改变后的 X 轴旋转的倾斜角（EULNUT）。输入范围为 0° ~ 180.0000°，0°轴为 Z 轴	
EULROT （旋转角）	倾斜面的旋转角。 围绕倾斜 Z 轴的倾斜坐标系旋转的旋转角（EULROT）（相当于用循环 10 的转动）。用旋转角简单地定义倾斜加工面上 X 轴的方向。输入范围为 0° ~ 360.0000°，0°轴为 X 轴	

（二）欧拉角（PLANE EULER）编程应用

如图 5-16 所示，应用欧拉角（PLANE EULER）定义倾斜面，编写斜面上 3 个深度为 20 的 ϕ10 孔加工程序。

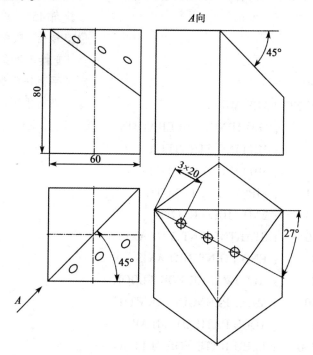

图 5-16 欧拉角（PLANE EULER）零件加工图

参考程序如下：

0　BEGIN PGM OLAJIAO MM

1　BLK FORM 0.1 Z X+0 Y+0 Z−80

2　BLK FORM 0.2 X+60 Y+60 Z+0

3　CYCL DEF 247 DATUM SETTING

　　Q339 = +1　　; DATUM NUMBER

4　TOOL CALL 1 Z S2000 F500

5　M13

6　LBL 1　　　　　　　　　　　　　　定义子程序

7　PLANE RESET TURN MB MAX F AUTO　　复位倾斜面

8　CYCL DEF 7.0 DATUM SHIFT　　　　取消平移

9　CYCL DEF 7.1 X+0

10　CYCL DEF 7.2 Y+0

11　CYCL DEF 7.3 Z+0

12　L Z−5 R0 FMAX M91

13　L X+0 Y+0 R0 FMAX M91

14　L A+0 C+0 M91

15　LBL 0　　　　　　　　　　　　　　　　子程序结束

16　PLANE EULER EULPR+45 EULNU45 EULROT0
　　MOVE DIST50 F200 SEQ- TABLE ROT　　　欧拉角定义加工面，进动角45°，
　　　　　　　　　　　　　　　　　　　　　盘旋角45°，旋转角0°。移动定
　　　　　　　　　　　　　　　　　　　　　位旋转轴，倾斜方法参数SEQ为
　　　　　　　　　　　　　　　　　　　　　负，变换类型是工作台旋转

17　L X+0 Y+0　　　　　　　　　　　　　定义平面铣削循环基准点

18　CYCL DEF 233 FACE MILLING　　　　　　定义平面铣削循环

　　Q215 = +0　　　; MACHINING OPERATION

　　Q389 = +1　　　; MILLING STRATEGY

　　Q350 = +1　　　; MILLING DIRECTION

　　Q218 = +74　　 ; FIRST SIDE LENGTH

　　Q219 = −60　　 ; 2ND SIDE LENGTH

　　Q227 = +30　　 ; STARTNG PNT 3RD AXIS

　　Q386 = +0　　　; END POINT 3RD AXIS

　　Q369 = +0　　　; ALLOWANCE FOR FLOOR

　　Q202 = +10　　 ; MAX. PLUNGING DEPTH

　　Q370 = +1　　　; TOOL PATH OVERLAP

　　Q207 = +300　　; FEED RATE FOR MILLNG

　　Q385 = +200　　; FINISHING FEED RATE

　　Q253 = +750　　; F PRE-POSITIONING

　　Q357 = +10　　 ; CLEARANCE TO SIDE

　　Q200 = +10　　 ; SET-UP CLEARANCE

　　Q204 = +50　　 ; 2ND SET-UP CLEARANCE

　　Q347 = +0　　　; 1ST LIMIT

　　Q348 = +0　　　; 2ND LIMIT

　　Q349 = +0　　　; 3RD LIMIT

　　Q220 = +0　　　; CORNER RADIUS

　　Q368 = +0　　　; ALLOWANCE FOR SIDE

　　Q338 = +0　　　; INFEED FOR FINISHING

19　CYCL CALL　　　　　　　　　　　　　调用平面铣削循环

20　CALL LBL 1　　　　　　　　　　　　　调用复位子程序

21　TOOL CALL 2 Z S2000 F200

22　M13

23　PLANE EULER EULPR+45 EULNU45 EULROT333
　　MOVE DIST50 F200 SEQ- TABLE ROT　　　欧拉角定义加工面，进动角45°，

盘旋角 45°，旋转角 333°

```
24 CYCL DEF 200 DRILLING              定义钻孔循环
   Q200 = +5        ; SET-UP CLEARANCE
   Q201 = −20       ; DEPTH
   Q206 = +150      ; FEED RATE FOR PLNGNG
   Q202 = +5        ; PLUNGING DEPTH
   Q210 = +0        ; DWELL TIME AT TOP
   Q203 = +0        ; SURFACE COORDINATE
   Q204 = +50       ; 2ND SET-UP CLEARANCE
   Q211 = +0        ; DWELL TIME AT DEPTH
   Q395 = +0        ; DEPTH REFERENCE
```

25 L X+20 Y+0 M89	孔中心位置坐标，模态调用孔加工循环
26 L X+40 Y+0	孔中心位置坐标
27 L X+60 Y+0 M99	孔中心位置坐标，调用孔加工循环
28 CALL LBL 1	调用复位子程序
29 M30	
30 END PGM OLAJIAO MM	

三、两个矢量(PLANE VECTOR)定义加工面

(一)两个矢量定义加工面的参数及含义

如果 CAD 系统可以计算倾斜加工面的基准矢量和法向矢量，那么可以用两个矢量(VECTOR)定义加工面。定义加工面的基准矢量由 BX，BY，BZ 分量定义，法向矢量由 NX，NY，NZ 分量定义。

法向矢量描述刀具轴的角度位置，因此倾斜的平面位置垂直于该轴。基准矢量描述倾斜后的坐标系中的 X 轴方向，且必须垂直于刀具轴，如图 5-17 所示。

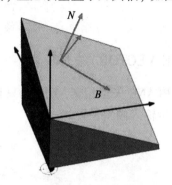

图 5-17　基准矢量和法向矢量示意图

两个矢量(PLANE VECTOR)功能的各个参数的含义及示意图见表 5-7。

表 5-7　两个矢量(PLANE VECTOR)参数的含义及示意图

参数	含义	参数示意图
BX, BY, BZ	基准矢量：X, Y, Z 轴分量	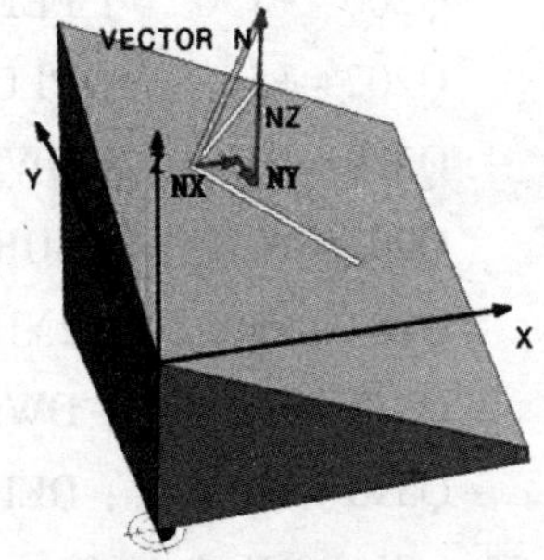
NX, NY, NZ	法向矢量：X, Y, Z 轴分量	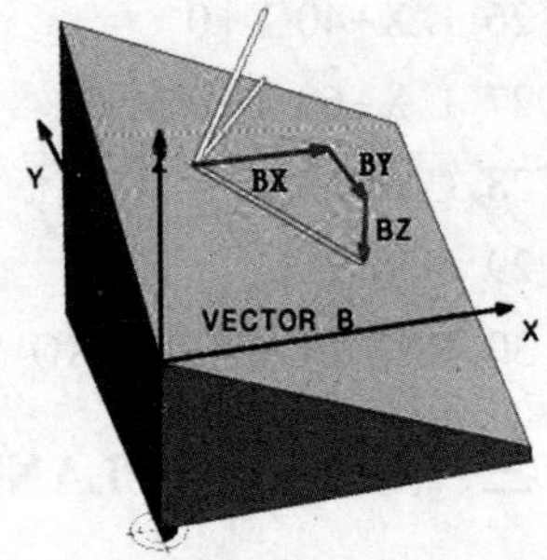

法向矢量编程举例：

NX0 NY0 NZ1　　　　　　　　　　　　　　　　刀具轴垂直

NX1 NY0 NZ0　　　　　　　　　　　　　　　　刀具轴平行于 X 轴

NX0 NY1 NZ0　　　　　　　　　　　　　　　　刀具轴平行于 Y 轴

基准矢量编程举例：

BX1 BY0 BZ0　　　　　　　　　　　　　　　　X 轴为原方向

BX0 BY1 BZ0　　　　　　　　　　　　　　　　倾斜的 X 轴为原方向 Y

BX0 BY0 BZ1　　　　　　　　　　　　　　　　倾斜的 X 轴为原方向 Z

（二）两个矢量(PLANE VECTOR)编程应用

如图 5-18 所示，两孔用 PLANE 矢量相交，且两孔只有 X 轴和 Z 轴起点与终点间距离尺寸，未给角度，用两个矢量输入倾斜位置。

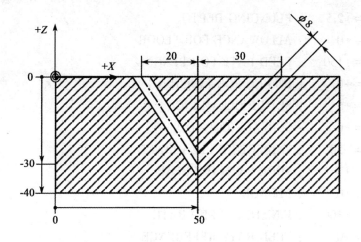

图 5-18　两个矢量(PLANE VECTOR)零件加工图

参考程序如下：

0	BEGIN PGM WUZHOUSILIANG MM
1	BLK FORM 0.1 Z X+0 Y+0 Z-40
2	BLK FORM 0.2 X+100 Y+50 Z+0
3	CYCL DEF 247 DATUM SETTING

Q339=+1　　　; DATUM NUMBER

4　TOOL CALL 1 Z S2000 F500

5　M13

6　LBL 1　　　　　　　　　　　　　定义复位子程序

7　PLANE RESET TURN MB MAX F AUTO　　复位倾斜面

8　CYCL DEF 7.0 DATUM SHIFT　　　　取消平移

9　CYCL DEF 7.1 X+0

10 CYCL DEF 7.2 Y+0

11 CYCL DEF 7.3 Z+0

12 L Z-5 R0 FMAX M91

13 L X+0 Y+0 R0 FMAX M91

14 L A+0 C+0 FMAX M91

15 LBL 0　　　　　　　　　　　　　程序结束

16 CYCL DEF 252 CIRCULAR POCKET　　定义 φ12 圆弧型腔

Q215=+0　　　; MACHINING OPERATION

Q223=+12　　; CIRCLE DIAMETER

Q368=+0　　　; ALLOWANCE FOR SIDE

Q207=+200　; FEED RATE FOR MILLNG

Q351=+1　　　; CLIMB OR UP-CUT

Q201=-5　　　; DEPTH　　　　　　　　左侧 φ12 圆弧型腔深

```
    Q202 = +2.5      ; PLUNGING DEPTH
    Q369 = +0        ; ALLOWANCE FOR FLOOR
    Q206 = +150      ; FEED RATE FOR PLNGNG
    Q338 = +0        ; INFEED FOR FINISHING
    Q200 = +5        ; SET-UP CLEARANCE
    Q203 = +0        ; SURFACE COORDINATE
    Q204 = +50       ; 2ND SET-UP CLEARANCE
    Q370 = +1        ; TOOL PATH OVERLAP
    Q366 = +0        ; PLUNGE
    Q385 = +300      ; FINISHING FEED RATE
    Q439 = +0        ; FEED RATE REFERENCE
17  Q50 = −7                                    右侧 φ12 圆弧型腔深
18  CALL LBL 2                                  调用两个矢量倾斜面功能
19  TOOL CALL 2 Z S2000 F200
20  M13
21  CYCL DEF 200 DRILLING                       定义钻孔循环
    Q200 = +5        ; SET-UP CLEARANCE
    Q201 = −40       ; DEPTH                     左侧 φ8 孔深
    Q206 = +150      ; FEED RATE FOR PLNGNG
    Q202 = +5        ; PLUNGING DEPTH
    Q210 = +0        ; DWELL TIME AT TOP
    Q203 = +0        ; SURFACE COORDINATE
    Q204 = +50       ; 2ND SET-UP CLEARANCE
    Q211 = +0        ; DWELL TIME AT DEPTH
    Q395 = +0        ; DEPTH REFERENCE
22  Q50 = −46                                   右侧 φ8 孔深
23  CALL LBL 2                                  调用两个矢量倾斜面功能
24  STOP M30
25  LBL 2                                       定义两个矢量倾斜面功能子程序
26  CYCL DEF 7.0 DATUM SHIFT                    定义平移循环
27  CYCL DEF 7.1 X+30                           平移左侧孔中心位置
28  CYCL DEF 7.2 Y+0
29  CYCL DEF 7.3 Z+0
30  PLANE VECTOR BX+0 BY+0 BZ+0 NX−20
    NY+0 NZ+30 TURN FMAX SEQ− TABLE ROT         定义两个矢量倾斜面功能，转动
                                                定位旋转轴，倾斜方法参数 SEQ
                                                为负，变换类型是工作台旋转
```

31 L X+0 Y+25 M99 调用圆弧型腔、孔加工循环

32 L Z+150 R0 FMAX M130

33 PLANE RESET TURN MB MAX F AUTO 复位倾斜面功能

34 CYCL DEF 7.0 DATUM SHIFT

35 CYCL DEF 7.1 IX+50 平移右侧孔中心位置

36 PLANE VECTOR BX+0 BY+0 BZ+0 NX+30
   NY+0 NZ+30 MOVE DIST50 FMAX SEQ– TABLE ROT 定义两个矢量倾斜面功能

37 Q201 = Q50

38 L X+0 Y+25 R0 M99 调用圆弧型腔、孔加工循环

39 CALL LBL 1

40 LBL 0

41 END PGM WUZHOUSILIANG MM

四、三点(PLANE POINTS)定义加工面

(一)三点定义加工面的参数及含义

用三点(PLANE POINTS)功能( )定义加工面,通过输入倾斜加工面上任意 3 个点($P1 \sim P3$)可以唯一地确定该倾斜加工面,见图 5-19。

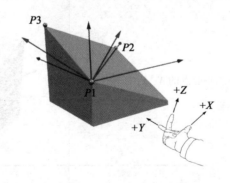

图 5-19 三点定义加工面示意图

点 $P1$ 到点 $P2$ 的连线决定倾斜基本轴的方向(Z 轴为刀具轴的 X 轴)。倾斜刀具轴的方向由点 $P3$ 相对点 $P1$ 与点 $P2$ 的连线位置决定。

如图 5-19 所示,使用右手规则(拇指为 X 轴,食指为 Y 轴,中指为 Z 轴)确定坐标关系。如图 5-20 所示,将点 $P1$ 与点 $P2$ 连线,得到倾斜后 X 轴的新位置(X')。基于右手规则,点 $P3$ 决定关于 X' 轴所得平面的 Y' 轴的方向,Z 轴垂直于该平面。$P1$,$P2$,$P3$ 三点决定该加工面的倾斜度。TNC 系统不改变当前原点的位置。

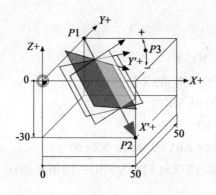

图5-20 三点定义坐标轴示意图

三点（PLANE POINTS）功能的各个参数的含义及示意图见表5-8。

表5-8 三点（PLANE POINTS）参数的含义及示意图

参数	含义	参数示意图
P1X, P1Y, P1Z	第一平面点的 X, Y, Z 轴坐标	
P2X, P2Y, P2Z	第二平面点的 X, Y, Z 轴坐标	
P3X, P3Y, P3Z	第三平面点的 X, Y, Z 轴坐标	

（二）三点（PLANE POINTS）编程应用

应用三点（PLANE POINTS）定义倾斜面功能加工如图5-21所示的平面。

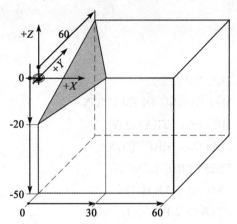

图 5-21 三点（PLANE POINTS）零件加工图

参考程序如下：

0　BEGIN PGM 3DIANMIAN MM

1　BLK FORM 0.1 Z X+0 Y+0 Z-50

2　BLK FORM 0.2 X+60 Y+60 Z+0

3　CYCL DEF 247 DATUM SETTING

　　Q339＝+1　　；DATUM NUMBER

4　TOOL CALL 1 Z S2000 F500

5　M13

6　LBL 1　　　　　　　　　　　　　　　定义复位子程序

7　PLANE RESET TURN MB MAX F AUTO　　复位倾斜面

8　CYCL DEF 7.0 DATUM SHIFT　　　　　　取消平移

9　CYCL DEF 7.1 X+0

10　CYCL DEF 7.2 Y+0

11　CYCL DEF 7.3 Z+0

12　L Z-5 R0 FMAX M91

13　L X+0 Y+0 R0 FMAX M91

14　L A+0 C+0 FMAX M91

15　LBL 0　　　　　　　　　　　　　　　子程序结束

16　CYCL DEF 7.0 DATUM SHIFT　　　　　　定义平移循环

17　CYCL DEF 7.1 X+0

18　CYCL DEF 7.2 Y+0

19　CYCL DEF 7.3 Z-20

```
20  PLANE POINTS P1X+0 P1Y+0 P1Z+0 P2X+30
    P2Y+0 P2Z+20 P3X+0 P3Y+60 P3Z+20
    MOVE DIST50 F200 SEQ- TABLE ROT
```
定义三点倾斜面功能，移动
定位旋转轴，倾斜方法参数
SEQ 为负，变换类型是工作
台旋转

```
21  CYCL DEF 233 FACE MILLING
```
定义平面铣削循环
```
    Q215 = +0      ; MACHINING OPERATION
    Q389 = +1      ; MILLING STRATEGY
    Q350 = +2      ; MILLING DIRECTION
    Q218 = +38     ; FIRST SIDE LENGTH
    Q219 = +60     ; 2ND SIDE LENGTH
    Q227 = +12     ; STARTNG PNT 3RD AXIS
    Q386 = +0      ; END POINT 3RD AXIS
    Q369 = +0      ; ALLOWANCE FOR FLOOR
    Q202 = +8      ; MAX. PLUNGING DEPTH
    Q370 = +1.5    ; TOOL PATH OVERLAP
    Q207 = +500    ; FEED RATE FOR MILLNG
    Q385 = +500    ; FINISHING FEED RATE
    Q253 = +750    ; F PRE-POSITIONING
    Q357 = +10     ; CLEARANCE TO SIDE
    Q200 = +5      ; SET-UP CLEARANCE
    Q204 = +50     ; 2ND SET-UP CLEARANCE
    Q347 = +0      ; 1ST LIMIT
    Q348 = +0      ; 2ND LIMIT
    Q349 = +0      ; 3RD LIMIT
    Q220 = +0      ; CORNER RADIUS
    Q368 = +0      ; ALLOWANCE FOR SIDE
    Q338 = +0      ; INFEED FOR FINISHING
22  L X+0 Y+0 M99
```
调用铣削循环
```
23  CALL LBL 1
```
调用复位子程序
```
24  M30
25  END PGM 3DIANMIAN MM
```

五、单一增量空间角(PLANE RELATIV)定义加工面

(一)单一增量空间角的应用及注意事项

用单一增量空间角(PLANE RELATIV)功能(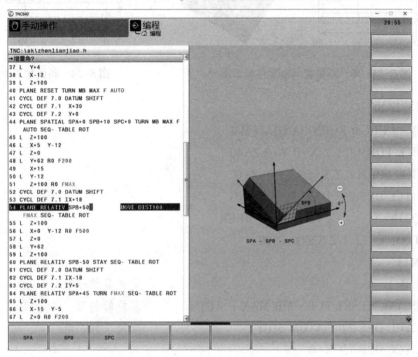)定义加工面,可以实现用增量式空间角方式对当前倾斜的加工面进行再一次旋转。编程时,用软键选择所要围绕旋转的轴 SPA, SPB, SPC 中的一个作为增量角(空间角)。该增量角是当前加工面转动的角度,输入范围为−359.9999°～359.9999°。单一增量空间角编程界面如图 5-22 所示。

图 5-22　单一增量空间角编程界面

单一增量空间角编程注意事项如下。

(1)所定义的角度仅对当前加工面有效,与激活它的功能无关。

(2)可以在一行中编写任意个 PLANE 增量角。

(3)如果要返回单一增量空间角功能前的加工面,应再次用相同单一增量空间角功能定义,但用相反的代数符号。

(4)如果在非倾斜加工面中用单一增量空间角功能,只需用 PLANE 功能中定义的空间角旋转非倾斜面。

(二)单一增量空间角功能编程应用

应用单一增量空间角(PLANE RELATIV)和空间角(PLANE SPATIAL)功能,编写如图 5-23 所示倾斜面的加工程序。斜面加工顺序如图 5-24 所示。

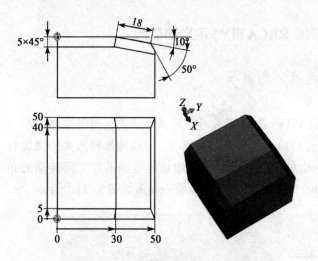

图5-23 单一增量空间角零件加工图

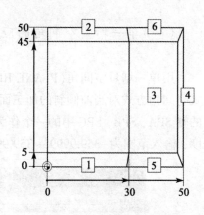

图5-24 斜面加工顺序

参考程序如下：

```
0    BEGIN PGM ZHENLIANJIAO MM
1    BLK FORM 0.1 Z X+0 Y+0 Z-40
2    BLK FORM 0.2 X+50 Y+50 Z+0
3    CYCL DEF 247 DATUM SETTING
     Q339=+1        ; DATUM NUMBER
4    TOOL CALL 1 Z S2000 F500
5    M13
6    LBL 1                                    定义复位子程序
7    PLANE RESET TURN MB MAX F AUTO           复位倾斜面
8    CYCL DEF 7.0 DATUM SHIFT                 取消平移循环
9    CYCL DEF 7.1 X+0
10   CYCL DEF 7.2 Y+0
11   CYCL DEF 7.3 Z+0
12   L Z-5 R0 FMAX M91
13   L X+0 Y+0 R0 FMAX M91
14   L A+0 C+0 FMAX M91
15   LBL 0                                    子程序结束
16   CYCL DEF 7.0 DATUM SHIFT                 定义平移循环，准备加工图5-24
                                              中的斜面1
17   CYCL DEF 7.1 X+0
18   CYCL DEF 7.2 Y+5
19   CYCL DEF 7.3 Z+0
20   PLANE SPATIAL SPA+45 SPB+0 SPC+0
```

TURN MB MAX F200 SEQ- TABLE ROT   定义空间角循环, 准备加工图
                     5-24中的斜面1

21 L Z+100

22 L X−12 Y+0

23 L Z+0

24 L X+62 R0 F100

25 L Y−4

26 L X−12

27 L Z+100

28 CALL LBL 1   复位图 5-24 中的斜面 1 加工

29 CYCL DEF 7.0 DATUM SHIFT   定义平移循环, 准备加工图 5-24
                     中的斜面 2

30 CYCL DEF 7.1 X+0

31 CYCL DEF 7.2 Y+45

32 PLANE SPATIAL SPA−45 SPB+0 SPC+0
   TURN MB MAX F AUTO SEQ- TABLE ROT 定义空间角循环, 准备加工图
                     5-24中的斜面 2

33 L Z+100

34 L X−12 Y+0

35 L Z+0

36 L X+62 R0 F100

37 L Y+4

38 L X−12

39 L Z+100

40 CALL LBL 1   复位图 5-24 中的斜面 2 加工

41 CYCL DEF 7.0 DATUM SHIFT   定义平移循环, 准备加工图 5-24
                     中的斜面 3

42 CYCL DEF 7.1 X+30

43 CYCL DEF 7.2 Y+0

44 PLANE SPATIAL SPA+0 SPB+10 SPC+0
   TURN MB MAX F AUTO SEQ- TABLE ROT 定义空间角循环, 准备加工图 5-24
                     中斜面 3

45 L Z+100

46 L X+5 Y−12

47 L Z+0

48 L Y+62 R0 F200

49 L X+15

```
50  L Y-12
51  L Z+100 R0 FMAX
52  CYCL DEF 7.0 DATUM SHIFT              定义平移循环，准备加工图5-24
                                          中的斜面4
53  CYCL DEF 7.1 IX+18                    增量移动至斜面4
54  PLANE RELATIV SPB+50 MOVE DIST100
    FMAX SEQ- TABLE ROT                   定义单一增量空间角循环，准备
                                          加工图5-24中的斜面4

55  L Z+100
56  L X+0 Y-12 R0 F500
57  L Z+0
58  L Y+62
59  L Z+100
60  PLANE RELATIV SPB-50
    STAY SEQ- TABLE ROT                   复位斜面4增量角循环
61  CYCL DEF 7.0 DATUM SHIFT              定义平移循环
62  CYCL DEF 7.1 IX-18                    增量返回图5-24中的斜面3位
                                          置
63  CYCL DEF 7.2 IY+5                     增量移动到图5-24中的斜面5位
                                          置
64  PLANE RELATIV SPA+45
    TURN FMAX SEQ- TABLE ROT              定义单一增量空间角循环，准备
                                          加工图5-24中的斜面5

65  L Z+100
66  L X-15 Y-5
67  L Z+0 R0 F200
68  L X+35
69  L Z+100
70  PLANE RELATIV SPA-45
    STAY SEQ- TABLE ROT                   复位斜面5增量角循环
71  CYCL DEF 7.0 DATUM SHIFT              定义平移循环
72  CYCL DEF 7.1 IX+0
73  CYCL DEF 7.2 IY+40                    增量移动到图5-24中的斜面6位
                                          置
74  PLANE RELATIV SPA-45
    TURN FMAX SEQ- TABLE ROT              定义单一增量空间角循环，准备
                                          加工图5-24中的斜面6
```

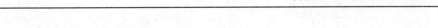

```
75  L Z+100
76  L X-15 Y+5
77  L Z+0
78  L X+35
79  L Z+100
80  CALL LBL 1                                调用复位子程序
81  M30
82  END PGM ZHENLIANJIAO MM
```

六、轴角(PLANE AXIAL)定义加工面

(一)轴角的应用及注意事项

轴角如图 5-25 所示。编程时,输入轴角 A, B, C 度数,该轴角是 A, B, C 轴需要倾斜的角度。如果用增量值输入,该角为 A, B, C 轴从当前位置将倾斜的角度,输入范围为 $-99999.9999° \sim 99999.9999°$。

图 5-25　轴角示意图

编程前需要注意的是,只能使用机床上实际存在的轴角;否则,TNC 系统将生成出错信息。轴角定义的旋转轴坐标为模态有效,因此,后面定义是以前面定义为基础的。允许用增量值输入。用 PLANE RESET(PLANE 复位)功能复位 PLANE。输入 0 不能取消轴角功能。用轴角时,"SEQ""TABLE ROT"(工作台旋转)和"COORD ROT"(坐标系旋转)不起作用。

(二)轴角(PLANE AXIAL)功能编程应用

用轴角功能和机床实际存在的旋转轴编写图 5-26 所示零件的加工程序。

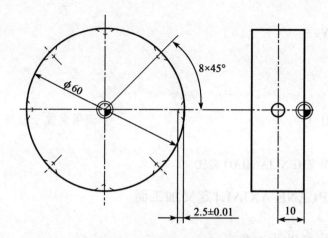

图 5-26　单一增量空间角零件加工图

编程时，选用 A，C 轴双摆台结构五轴机床，使用轴角围绕圆周定心旋转。编写围绕圆柱圆周的定心孔的加工程序时，角度步距均为 45°。

参考程序如下：

0	BEGIN PGM ZHOUJIAO MM	
1	BLK FORM CYLINDER Z D60 L20 DIST+10 RI0	定义圆柱形毛坯，直径为 60，厚度为 20，Z 轴零点距离毛坯上表面为 10
2	CYCL DEF 247 DATUM SETTING	
	Q339=+1　　　; DATUM NUMBER	
3	TOOL CALL 1 Z S2000 F500	
4	M13	
5	L Z-5 R0 FMAX M91	
6	L A+0 C+0 R0 FMAX M91	
7	PLANE AXIAL A+90 TURN MB200 F200	将轴角 A 转动 90° 并转动到倾斜加工面中的位置
8	LBL 1	定义子程序
9	L X+0 Y+0	X，Y 轴预定位
10	L Z+35	Z 轴预定位
11	L Z+27.5	Z 轴加工深度
12	L Z+50	第二安全高度
13	PLANE AXIAL IC+45 TURN MB MAX FMAX	轴角 C 相对增加 45°
14	CALL LBL 1 REP 7	调用子程序，重复加工 7 次
15	L Z+100	
16	PLANE RESET TURN MB MAX FMAX	
17	L Z-5 R0 FMAX M91	

18 L A+0 C+0 R0 FMAX M91

19 STOP M30

20 END PGM ZHOUJIAO MM

用轴角创建倾斜加工面程序时，必须考虑机床配置。也就是说，这些程序不是在所有机床上都可以运行的。

任务实践

应用空间角功能，编写如图 5-27 所示倾斜面的加工程序，并在加工后斜面上进行型腔加工。要求：应用 Q 参数进行简化编程；8 个 ϕ6 孔不编程。

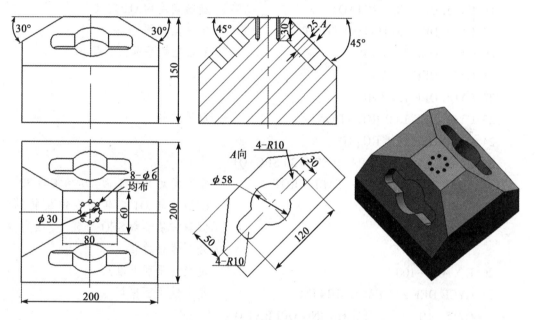

图 5-27 PLANE 编程任务零件加工图

参考程序如下：

0   BEGIN PGM 4GXM MM

1   BLK FORM 0.1 Z X-100 Y-100 Z-150

2   BLK FORM 0.2 X+100 Y+100 Z+0

3   CYCL DEF 247 DATUM SETTING

    Q339=+1   ; DATUM NUMBER

4   TOOL CALL 1 Z S2000 F500

5   M13

6   LBL 1   定义复位子程序，方便后续调用

7   PLANE RESET MOVE DIST100 F AUTO   复位，移动转动旋转轴至初始位置

8   CYCL DEF 7.0 DATUM SHIFT   取消坐标平移

9   CYCL DEF 7.1 X+0

10 CYCL DEF 7.2 Y+0

11 CYCL DEF 7.3 Z+0

12 L Z−5 R0 FMAX M91

13 L C+0 A+0 M91

14 LBL 0 子程序结束

15 Q1 = 0 定义 Q1 参数初始值

16 LBL 2 把右侧斜面整个铣削过程定义成子
程序

17 CYCL DEF 10.0 ROTATION 定义旋转

18 CYCL DEF 10.1 ROT+Q1 旋转角度由 Q1 定义

19 CYCL DEF 7.0 DATUM SHIFT 定义坐标平移

20 CYCL DEF 7.1 X+40 X 轴坐标平移，距离 40

21 CYCL DEF 7.2 Y+0

22 CYCL DEF 7.3 Z+0

23 CYCL DEF 10.0 ROTATION 取消旋转

24 CYCL DEF 10.1 ROT+0

25 PLANE SPATIAL SPA+0 SPB+30 SPC+Q1
   TURN MB MAX SEQ− TABLE ROT 空间角定义加工面，B 轴旋转 30°，
   C 轴旋转 Q1°，转动定位旋转轴，
   倾斜方法参数 SEQ 为负，变换类型
   是工作台旋转

26 L X+0 Y−100 定义铣平面基准点

27 CYCL DEF 233 FACE MILLING 定义铣平面循环

   Q215 = +0   ; MACHINING OPERATION

   Q389 = +0   ; MILLING STRATEGY

   Q350 = +2   ; MILLING DIRECTION

   Q218 = +90   ; FIRST SIDE LENGTH

   Q219 = +200   ; 2ND SIDE LENGTH

   Q227 = +30   ; STARTNG PNT 3RD AXIS

   Q386 = +0   ; END POINT 3RD AXIS

   Q369 = +0   ; ALLOWANCE FOR FLOOR

   Q202 = +10   ; MAX. PLUNGING DEPTH

   Q370 = +1   ; TOOL PATH OVERLAP

   Q207 = +500   ; FEED RATE FOR MILLNG

   Q385 = +500   ; FINISHING FEED RATE

   Q253 = +750   ; F PRE-POSITIONING

   Q357 = +10   ; CLEARANCE TO SIDE

```
    Q200 = +2        ; SET-UP CLEARANCE
    Q204 = +50       ; 2ND SET-UP CLEARANCE
    Q347 = +0        ; 1ST LIMIT
    Q348 = +0        ; 2ND LIMIT
    Q349 = +0        ; 3RD LIMIT
    Q220 = +0        ; CORNER RADIUS
    Q368 = +0        ; ALLOWANCE FOR SIDE
    Q338 = +0        ; INFEED FOR FINISHING
28  CYCL CALL
29  CALL LBL 1
30  LBL 0
31  Q1 = Q1 + 180
32  CALL LBL 2
33  Q2 = 0
34  LBL 3
```

28 CYCL CALL	调用铣平面循环
29 CALL LBL 1	调用复位子程序 1
30 LBL 0	结束子程序 2
31 Q1 = Q1 + 180	变换 Q1 参数值，准备加工左侧斜面
32 CALL LBL 2	调用子程序 2，加工左侧斜面
33 Q2 = 0	定义 Q2 参数初始值
34 LBL 3	把下面斜面、型腔整个铣削过程定义成子程序
35 CYCL DEF 10.0 ROTATION	定义旋转
36 CYCL DEF 10.1 ROT+Q2	旋转角度由 Q2 定义
37 CYCL DEF 7.0 DATUM SHIFT	定义坐标平移
38 CYCL DEF 7.1 X+0	
39 CYCL DEF 7.2 Y−30	Y 轴负向坐标平移，距离 30
40 CYCL DEF 10.0 ROTATION	取消旋转
41 CYCL DEF 10.1 ROT+0	
42 PLANE SPATIAL SPA+45 SPB+0 SPC+Q2 TURN MB MAX SEQ− TABLE ROT	空间角定义加工面，A 轴旋转 45°，C 轴旋转 Q2°，转动定位旋转轴，倾斜方法参数 SEQ 为负，变换类型是工作台旋转
43 L X−100 Y+0	定义铣平面基准点
44 CYCL DEF 233 FACE MILLING	定义铣平面循环

```
    Q215 = +0        ; MACHINING OPERATION
    Q389 = +0        ; MILLING STRATEGY
    Q350 = +1        ; MILLING DIRECTION
    Q218 = +200      ; FIRST SIDE LENGTH
    Q219 = −105      ; 2ND SIDE LENGTH
    Q227 = +55       ; STARTNG PNT 3RD AXIS
    Q386 = +0        ; END POINT 3RD AXIS
```

```
    Q369 = +0        ; ALLOWANCE FOR FLOOR
    Q202 = +10       ; MAX. PLUNGING DEPTH
    Q370 = +1        ; TOOL PATH OVERLAP
    Q207 = +500      ; FEED RATE FOR MILLNG
    Q385 = +500      ; FINISHING FEED RATE
    Q253 = +750      ; F PRE-POSITIONING
    Q357 = +2        ; CLEARANCE TO SIDE
    Q200 = +2        ; SET-UP CLEARANCE
    Q204 = +50       ; 2ND SET-UP CLEARANCE
    Q347 = +0        ; 1ST LIMIT
    Q348 = +0        ; 2ND LIMIT
    Q349 = +0        ; 3RD LIMIT
    Q220 = +0        ; CORNER RADIUS
    Q368 = +0        ; ALLOWANCE FOR SIDE
    Q338 = +0        ; INFEED FOR FINISHING
 45 CYCL CALL                                调用铣平面循环
 46 L X+0 Y-50                               定义 120 mm×30 mm 矩形型腔基准点
 47 CYCL DEF 251 RECTANGULAR POCKET          定义 120×30 矩形型腔循环
    Q215 = +0        ; MACHINING OPERATION
    Q218 = +120      ; FIRST SIDE LENGTH
    Q219 = +30       ; 2ND SIDE LENGTH
    Q220 = +10       ; CORNER RADIUS
    Q368 = +0        ; ALLOWANCE FOR SIDE
    Q224 = +0        ; ANGLE OF ROTATION
    Q367 = +0        ; POCKET POSITION
    Q207 = +500      ; FEED RATE FOR MILLNG
    Q351 = +1        ; CLIMB OR UP-CUT
    Q201 = -25       ; DEPTH
    Q202 = +12.5     ; PLUNGING DEPTH
    Q369 = +0        ; ALLOWANCE FOR FLOOR
    Q206 = +150      ; FEED RATE FOR PLNGNG
    Q338 = +0        ; INFEED FOR FINISHING
    Q200 = +2        ; SET-UP CLEARANCE
    Q203 = +0        ; SURFACE COORDINATE
    Q204 = +50       ; 2ND SET-UP CLEARANCE
    Q370 = +1        ; TOOL PATH OVERLAP
    Q366 = +1        ; PLUNGE
```

Q385 = +500	; FINISHING FEED RATE	
Q439 = +0	; FEED RATE REFERENCE	

48 CYCL CALL   调用 120 mm×30 mm 矩形型腔循环

49 CYCL DEF 252 CIRCULAR POCKET   定义 φ58 圆弧型腔循环

    Q215 = +0   ; MACHINING OPERATION

    Q223 = +58   ; CIRCLE DIAMETER

    Q368 = +0   ; ALLOWANCE FOR SIDE

    Q207 = +500   ; FEED RATE FOR MILLNG

    Q351 = +1   ; CLIMB OR UP-CUT

    Q201 = −25   ; DEPTH

    Q202 = +10   ; PLUNGING DEPTH

    Q369 = +0   ; ALLOWANCE FOR FLOOR

    Q206 = +150   ; FEED RATE FOR PLNGNG

    Q338 = +0   ; INFEED FOR FINISHING

    Q200 = +2   ; SET-UP CLEARANCE

    Q203 = +0   ; SURFACE COORDINATE

    Q204 = +50   ; 2ND SET-UP CLEARANCE

    Q370 = +1   ; TOOL PATH OVERLAP

    Q366 = +1   ; PLUNGE

    Q385 = +500   ; FINISHING FEED RATE

    Q439 = +0   ; FEED RATE REFERENCE

50 CYCL CALL   调用 φ58 圆弧型腔循环

51 CALL LBL 1   调用复位子程序 1

52 LBL 0   结束子程序 3

53 Q2 = Q2+180   变换 Q2 参数值，准备加工上面斜面

54 CALL LBL 3   调用子程序 3，加工上面斜面

55 STOP M30

56 END PGM 4GXM MM

 习题

    应用所学知识编写下列习题的铣削程序，零件的毛坯尺寸根据图纸合理设定，工件坐标系原点根据图纸合理选定。

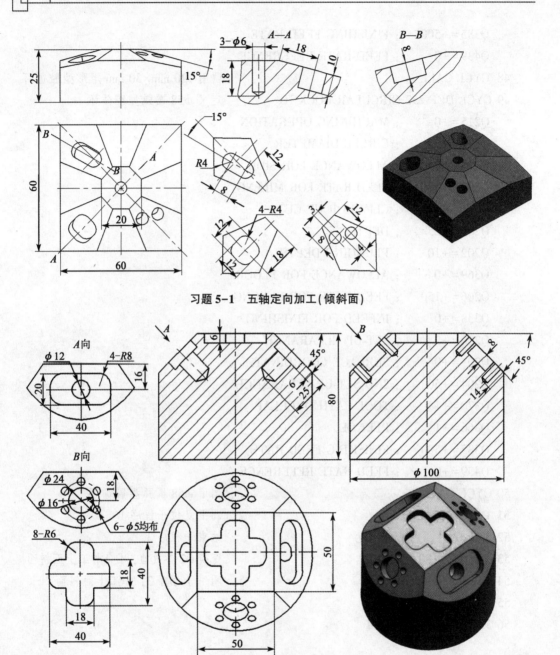

习题 5-1　五轴定向加工（倾斜面）

习题 5-2　五轴定向加工（型腔、孔）

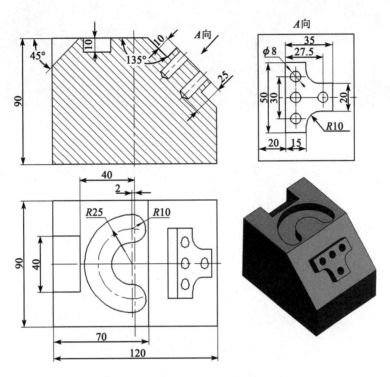

习题 5-3 五轴定向加工(型腔、凸台)

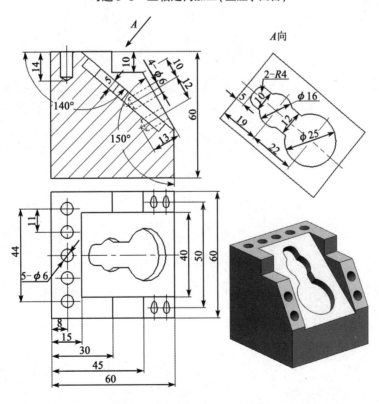

习题 5-4 五轴定向加工(综合)

参考文献

[1] 詹华西,江洁,刘怀兰.五轴联动加工中心操作与基础编程[M].北京:机械工业出版社,2018.

[2] 贺琼义,杨轶峰.五轴数控系统加工编程与操作[M].北京:机械工业出版社,2019.

[3] 李家峰,赵宏立.数控编程与操作[M].沈阳:东北大学出版社,2023.

[4] 昝华,杨轶峰.五轴数控系统加工编程与操作维护:基础篇[M].北京:机械工业出版社,2017.

[5] 程豪华,陈学翔.多轴加工技术[M].北京:机械工业出版社,2019.

[6] 陈小红,凌旭峰.数控多轴加工编程与仿真[M].北京:机械工业出版社,2016.

附 录

附录一　海德汉系统五轴机床基本操作二维码

海德汉系统五轴机床
开机及关机操作

海德汉系统五轴机床
试切法对刀操作(方料)

海德汉系统五轴机床测头
对刀操作(圆棒料)

海德汉系统模拟软件
安装及汉化过程简介

海德汉系统五轴机床
模拟软件基本操作简介

附录二　海德汉系统辅助功能指令

表 F-1　海德汉系统辅助功能指令一览表

辅助指令	作用
M00	程序停止/主轴停转/冷却液关闭
M01	可选程序运行停止/主轴停转/冷却液关闭
M02	程序运行停止/主轴停转/冷却液关闭/清除状态显示(取决于机床参数)
M03/M04/M05	M03：主轴顺时针转动； M04：主轴逆时针转动； M05：主轴停转

表 F-1（续）

辅助指令	作用
M06	换刀/停止程序运行(取决于机床参数)/主轴停转
M08/M09	M08：冷却液打开启； M09：冷却液关闭
M13	主轴顺时针转动和冷却液打开
M14	主轴逆时针转动和冷却液开启
M30	同 M02 功能
M89	循环调用，模态有效
M91	在定位程序段内，相对机床原点的坐标(单段有效)
M92	在定位程序段内，坐标为相对机床制造商定义的位置，如换刀位置
M94	将旋转轴显示减小到 360° 以内
M97	加工小轮廓台阶
M98	完整加工开放式轮廓
M99	程序段循环调用(单段有效)
M101/M102	M101：刀具寿命到期时自动用备用刀更换； M102：复位 M101
M107/M108	M107：取消有正差值备用刀的出错信息； M108：复位 M107
M109/M110/M111	M109：刀刃处恒定轮廓加工速度(增加和降低进给速率) M110：刀刃处恒定轮廓加工速度(只降低进给速率) M111：复位 M109/M110
M116/M117	M116：单位为 mm/min 的旋转轴进给速率； M117：复位 M116
M118	程序运行中用手轮叠加定位
M120	提前计算半径补偿的轮廓(预读)
M126/M127	M126：旋转轴短路径运动； M127：复位 M126
M128/M129	M128：用倾斜轴定位时保持刀尖位置(TCPM)； M129：复位 M128
M130	在定位程序段内，点为相对未倾斜的坐标系
M138	选择倾斜轴
M140	沿刀具轴方向退离轮廓

表 F-1(续)

辅助指令	作用
M143	删除基本旋转
M144/M145	M144：在程序段结束处补偿"实际/名义"位置的机床运动特性配置； M145：复位 M144
M141	取消测头监测功能
M148/M149	M148：在 NC 停止处刀具自动退离轮廓； M149：复位 M148

附录三 海德汉系统循环功能指令

表 F-2 海德汉系统循环功能指令一览表

循环编号	循环名称	定义生效	调用生效	说明
7	原点平移	√		
8	镜像	√		
9	停顿时间	√		
10	旋转	√		
11	缩放系数	√		
12	程序调用	√		
13	主轴定向	√		
14	轮廓定义	√		
19	倾斜加工面	√		
20	轮廓数据 SLⅡ	√		
21	定心钻 SLⅡ		√	
22	粗铣 SLⅡ		√	
23	精铣底面 SLⅡ		√	
24	精铣侧面 SLⅡ		√	
25	轮廓链		√	
26	特定轴缩放	√		
27	圆柱面		√	

表 F-2（续）

循环编号	循环名称	定义生效	调用生效	说明
28	圆柱面上槽		√	
29	圆柱面上凸台		√	
32	公差	√		
200	钻孔		√	
201	铰孔		√	
202	镗孔		√	
203	万能钻		√	每次钻孔深度相同
204	反向镗孔		√	
205	万能啄钻		√	每次钻入深度可递减
206	用浮动夹头攻丝架攻丝		√	TNC 640 系统新功能
207	刚性攻丝		√	TNC 640 系统新功能
208	镗铣		√	
209	断屑攻丝		√	
220	极坐标阵列	√		
221	直角坐标阵列	√		
230	多道铣		√	
231	规则表面		√	
232	端面铣		√	
233	端面铣削（可选加工方向，考虑各加工面）		√	
240	定心钻		√	
241	单刃深孔钻		√	
247	原点设置	√		
251	矩形型腔（完整加工）		√	
252	圆弧型腔（完整加工）		√	
253	铣键槽		√	
254	圆弧槽		√	
256	矩形凸台（完整加工）		√	
257	圆弧凸台（完整加工）		√	
258	多边形凸台		√	

F —4

表 F-2(续)

循环编号	循环名称	定义生效	调用生效	说明
262	螺纹铣削		√	
263	螺纹铣削/锪孔		√	
264	螺纹钻孔/铣削		√	
265	螺旋螺纹钻孔/铣削		√	
267	外螺纹铣削		√	
275	摆线槽		√	